高等院校公共课教材

课书房
新/形/态/教/材

高等数学及其应用（上）

Gaodeng Shuxue Jiqi Yingyong（Shang）

主　编　张振祺　马廷福

副主编　武旭艺　杨文海　郭　锐　刘　斌

参　编　卢琴　金　涛　张　娜

　　　　吕贤利　王建玲　马　丽

U0379567

重庆大学出版社

内容提要

本书是为适应教学改革而编写的应用型本科（独立院校、民办、本科）少课时教材．全书共 4 章，分别是：函数与极限，导数与微分，导数的应用，一元函数积分学及其应用．

本书根据应用型本科院校、特别是民办本科（独立院校）学生的实际情况和教学现状，本着以"易学、便于应用"为目的，"适度、够用"为原则对教学内容、要求、篇幅做了适当调整．书中尽量突出对基本概念、基本理论、基本方法与运算的教与学，相对于传统教材，删除了大量理论证明与繁杂例题计算，增加了数学建模、数学实验与数学文化，使教学内容更加形象、具体、生动，从而激发学生的学习兴趣．书中各章节都配有难度适中的练习题，有利于学生及时归纳和总结本章知识点．书中还配有大量附录内容用于能力较强的学生学习所用．

本书适合培养应用型人才的理工科高等本、专科院校（民办高校）作为教材，也可以供经济管理类专业学生使用．

图书在版编目（CIP）数据

高等数学及其应用．上/张振祺，马廷福主编．--
重庆：重庆大学出版社，2020．7
ISBN 978-7-5689-2282-1

Ⅰ．①高…　Ⅱ．①张…②马…　Ⅲ．①高等数学—高等学校—教材　Ⅳ．①O13

中国版本图书馆 CIP 数据核字（2020）第 113949 号

高等数学及其应用（上）

主　编　张振祺　马廷福
副主编　武旭艺　杨文海　郭　锐　刘　斌
参　编　卢　琴　金　涛　张　娜
　　　　吕贤利　王建玲　马　丽
策划编辑：鲁　黎
责任编辑：陈　力　曹家辉　版式设计：鲁　黎
责任校对：王　倩　责任印制：张　策

*

重庆大学出版社出版发行
出版人：饶帮华
社址：重庆市沙坪坝区大学城西路 21 号
邮编：401331
电话：（023）88617190　88617185（中小学）
传真：（023）88617186　88617166
网址：http://www.cqup.com.cn
邮箱：fxk@cqup.com.cn（营销中心）
全国新华书店经销
重庆俊蒲印务有限公司印刷

*

开本：787mm×1092mm　1/16　印张：10.5　字数：272 千
2020 年 7 月第 1 版　2020 年 7 月第 1 次印刷
ISBN 978-7-5689-2282-1　定价：32.00 元

前　言

　　本书是按照宁夏回族自治区重大教学改革项目"应用型本科院校-实施数学理论、数学实验及数学文化融合教学改革的探索"的要求编写的一套教材,面向应用型本科(独立院校、民办本科)的理工科非数学专业学生.独立学院办学定位于培养"应用型人才",新的培养模式的一个重要方面就是突出和加强实践性的实验实训、实习和课程设计等教学环节.作为学科的基础公共课教学势必受到一定的影响.因此,我们要与时俱进,认同并参与教学改革与实践,适应并服务于培养"应用型人才"的教学模式,确立大众化高等教育的教学质量观,将新的教学理念和教学方法、手段在教学的各个环节中实践与实施.

　　本书编写以"因材施教,学以致用"为指导思想;贯彻"以应用为目的,简单易学,提高学习兴趣"的教学原则;突出"基本概念、基本理论、基本计算"的教学要求.力求做到利于"以学生为中心"的教学活动.相对于传统教材,本书删除了过于抽象、难度较大的理论证明、推导和例题,降低课程学习难度,根据实际教学增加数学建模教学案例和数学文化赏析,提高学生的实践应用能力和数学文化素养;根据教学内容增加数学实验,使教学内容更加形象、具体化,以提高学生的学习兴趣;根据不同学生需求增加了附录内容,以供学生自学所用,以利于个性化的教学.

　　参与本书编写的人员都是长期在一线从事本科数学教学的教师,有一定的教学经验,在编写内容及深度方面较好地反映和体现了应用型本科教学的需求.本书各章内容都包含数学建模、数学文化、数学实验,教数学建模时可以实验形象化展示,把数学理论、数学建模、数学实验和数学文化有机结合在一起.各章内容小结是本章重要知识点及主要方法的汇总,并简单介绍了本章内容在学科中的地位作用以及和其他章节内容的联系,便于学习者融会贯通地掌握学习内容.各章节的教学要求及重点与难点是依据学科教学大纲,并结合学生实际水平提出的一个多层次基本要求,作为教与学的指导意见.每章节配置了较多的例题与习题,易于练习,便于自学.教师在授课时可以有选择地使用,其余供有精力的学生自主学习,自行完成.

《高等数学及其应用》(上)由中国矿业大学银川学院数学教研室编写.本书由张振祺、马廷福担任主编,武旭艺、杨文海、郭锐、刘斌担任副主编,参编的有卢琴、金涛、张娜、吕贤利、王建玲、马丽.本书的教学时数建议 128 学时,用" * "号标的内容,针对不同层次的教学要求,教师在授课中可以有选择地使用.

在本书的编写过程中,学校、各职能部门及二级学院领导给予了极大的关注和支持.自治区教改项目"一流基层教研室"及其他教改项目给予了大量的经费支持.出版社的领导和编辑们对本书的编辑和出版给予了具体的指导和帮助,编者对此表示衷心的感谢.

由于编者水平有限,书中难免存在不妥之处,敬请专家、同行及读者批评指正,使本书在教学实践中不断完善.

编　者

2020 年 3 月

目录

第**1**章
函数与极限

初等数学主要研究的对象是常量,而高等数学主要研究的对象是变量.变量与变量之间的依赖关系,即函数关系,极限方法是研究变量的一种基本方法.本章将介绍函数、极限、函数的连续性以及 MATLAB 软件的操作平台与软件实现应用.

1.1 集合与函数

1.1.1 集合与区间

1. 集合概念

集合是数学中的一个基本概念,简单说,具有某种属性的事物的全体称为一个**集合**. 构成集合的事物称为集合的**元素**. 通常用大写字母 $A,B,C\cdots$ 表示集合,用小写字母 $a,b,c,\cdots$ 表示集合的元素. 如果 a 是集合 A 的元素,则记作 $a \in A$,读作 a 属于 A. 如果 a 不是集合 A 的元素,则记作 $a \notin A$,读作 a 不属于 A. 如果集合 A 只包含有限个元素,则称 A 为**有限集**;否则称为**无限集**.

集合的表示方法一般有两种:一种是列举法,就是把集合的全体元素一一列举出来. 例如 $A = \{1,2,3\}$,$B = \{$张三,李四,王五$\}$;另一种是描述法,就是由具有某种性质 P 的全体元素所组成,表示为 $M = \{x \mid x$ 具有性质 $P\}$. 例如:$A = \{x \mid 1 \leqslant x \leqslant 3, x \in N\}$.

2. 区间与邻域

区间(图 1.1)是用得比较多的一类数集,设 a 和 b 都是实数,且 $a < b$. 数集

$$\{x \mid a < x < b\}$$

称为开区间. 记作 (a,b),即 $(a,b) = \{x \mid a < x < b\}$.

同理有 **闭区间** 记为 $[a,b] = \{x \mid a \leqslant x \leqslant b\}$;

半开区间 记为 $(a,b] = \{x \mid a < x \leqslant b\}$;

$$[a,b) = \{x \mid a \leqslant x < b\};$$

a 为区间左端点,b 为右端点. $b - a$ 称为区间的长度.

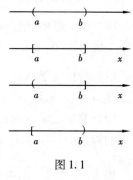

图 1.1

无限区间 记为 $(-\infty, +\infty) = \{x \mid x \in \mathbf{R}\}$;

$(a, +\infty) = \{x \mid x > a\}, [a, +\infty) = \{x \mid x \geq a\}$;

$(-\infty, b) = \{x \mid x < b\}, (-\infty, b] = \{x \mid x \leq b\}$.

邻域也是一种常用的数集,我们把区间 $(a-\delta, a+\delta) = \{x \mid |x-a| < \delta, \delta > 0\}$ 称为 a 的 δ 邻域,记为 $U(a, \delta)$. 其中 a 为邻域的中心,δ 为邻域的半径(图 1.2).

在 $U(a, \delta)$ 中去掉中心点 a 得到的实数集 $\{x \mid 0 < |x-a| < \delta, \delta > 0\}$ 称为 a 的去心的 δ 邻域,记作 $\overset{\circ}{U}(a, \delta)$. 有 $\overset{\circ}{U}(a, \delta) = (a-\delta, a) \cup (a, a+\delta)$(图 1.3).

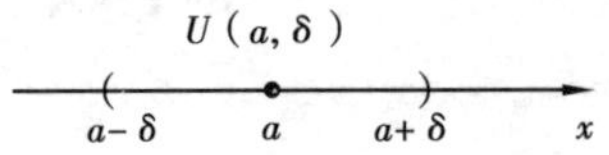

$$U(a, \delta)$$
$$\underset{a-\delta \quad\quad a \quad\quad a+\delta}{\longmapsto\!\!\!\longmapsto} x$$

图 1.2

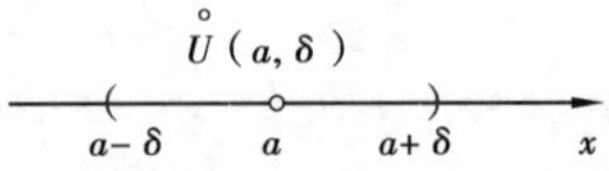

$$\overset{\circ}{U}(a, \delta)$$
$$\underset{a-\delta \quad\quad a \quad\quad a+\delta}{\longmapsto\!\!\!\longmapsto} x$$

图 1.3

1.1.2 函数

1. 函数的概念

函数是用数学术语来描述现实世界的主要工具. 在实际生活中一个变量的值常常取决于另一个变量的值. 例如:水达到沸点的温度取决于海拔高度(当你往上走时沸点下降),你的存款额在一年中的增长取决于银行的利率. 在这些案例中水的沸点 b 取决于海拔高度 e;利息 l 的多少取决于利率 r,我们称 b 和 l 这样的量为因变量,因为它们是由所依赖的变量 e 和 r 的值所决定的. 变量 e 和 r 为自变量. 对一个集合中的每个元素指定另一个集合中唯一确定的一个元素的规则称为函数.

定义 1.1 设 D 是非空数集. 如果对任何的 $x \in D$,按照一定的对应法则 f 都有唯一确定的 y 值与之对应,称变量 y 与变量 x 的这种对应法则为**函数**,记作

$$y = f(x)$$

称 x 为**自变量**,y 为**因变量**,D 是函数的**定义域**,当 x 取遍 D 的各个数值时,对应的函数 y 取值的全体称为函数的**值域**,记为 $f(D)$. 即

$$f(D) = \{y \mid y = f(x), x \in D\}$$

由函数的定义可以看到,函数概念有两个要素:定义域和对应法则. 如果两个函数定义域相同,对应法则相同,则两函数就是同一个函数,否则就不是同一个函数,例如 $y = |x|$ 和 $s = \sqrt{t^2}$ 是同一个函数,而 $y = x+1$ 和 $y = \dfrac{x^2-1}{x-1}$ 就不是同一个函数.

在实际问题中,函数的定义域是根据问题的实际意义确定的,例如圆的面积公式 $A = \pi r^2$ 的定义域 $D = (0, +\infty)$,而在不考虑实际问题,只讨论抽象函数的表达式时,我们约定函数的定义域就是自变量取得的所有使得表达式有意义的一切实数的全体,例如函数 $y = \sqrt{1-x^2}$ 的定义域 $D = [-1, 1]$,函数 $y = \ln(x+1)$ 的定义域 $D = (-1, +\infty)$.

中学数学已经讨论过很多函数,如幂函数、指数函数、对数函数、三角函数等,这些函数在以后的讨论中将反复出现,现举几个函数的例子.

例 1 (1)绝对值函数 $y = |x| = \begin{cases} x, & x \geq 0 \\ -x, & x < 0 \end{cases}$; (2) $y = f(x) = \begin{cases} x^2, & 0 \leq x \leq 1 \\ 2x, & 1 < x \leq 2 \end{cases}$.

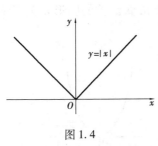

图 1.4

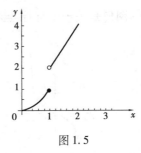

图 1.5

例 2 某市出租车的计价标准为起步价 7 元(包含 3 km),超过 3 km 则 1.4 元/km,请写出出租车的计价函数.

解 设出租车行驶的里程数为 x,则有

$$y = \begin{cases} 7, & 0 < x < 3 \\ 7 + 1.4(x-3), & x \geq 3 \end{cases}.$$

对于以上这些在不同定义域函数的表达式不同的函数,我们称为**分段函数**.

2. 函数的几种特性

1)有界性

定义 1.2 设函数 $y = f(x)$,区间 $I \subset D$,如果存在常数 $M > 0$,使得对于任意的 $x \in I$,恒有不等式

$$|f(x)| \leq M$$

成立,则称 **$f(x)$ 在 I 上有界**,否则称 $f(x)$ 在 I 上无界.

例如:对于任意的 $x \in (-\infty, +\infty)$ 有 $|\sin x| \leq 1$,故 $f(x) = \sin x$ 在 $(-\infty, +\infty)$ 内是有界函数.

因为 $0.2 \leq \dfrac{1}{x} \leq 1$,函数 $y = \dfrac{1}{x}$ 在 $[1,5]$ 上有界;而 $y = \dfrac{1}{x}$ 在 $(0,1)$ 上无界.

函数的有界性还可以表述为:如果存在常数 m, M(下界、上界)使得

$$m \leq f(x) \leq M \quad (x \in I)$$

则称 $f(x)$ 在 I 上有界.

2)单调性

定义 1.3 设函数 $y = f(x)$ 在区间 I 上有定义,对于区间 I 上任意两点 x_1 及 x_2,当 $x_1 < x_2$ 时,恒有

$$f(x_1) < f(x_2) \left[或 f(x_1) > f(x_2) \right]$$

成立,则称函数 $y = f(x)$ 在区间 I 上**单调增加**(或**单调减少**).

例如,函数 $f(x) = x^3$ 在 $(-\infty, +\infty)$ 内是单调增加的,如图 1.6 所示;

函数 $f(x) = x^2$ 在 $(-\infty, 0]$ 上是单调减少的,在 $[0, +\infty)$ 上是单调增加的,而在 $(-\infty, +\infty)$ 内则不是单调函数,如图 1.7 所示.

3)奇偶性

定义 1.4 设函数 $f(x)$ 的定义域 D 关于原点 O 对称,

如果 $f(-x) = -f(x) \quad (x \in D)$,称 $f(x)$ 为**奇函数**.

如果 $f(-x) = f(x) \quad (x \in D)$,称 $f(x)$ 为**偶函数**.

很显然,$y = x^3$ 为奇函数,$y = x^2$ 为偶函数,而 $y = \sin x + \cos x$ 是非奇非偶函数.并且我们容

易发现奇函数的图形是关于坐标原点对称的(图 1.8);偶函数的图形是关于 y 轴对称的(图 1.9).

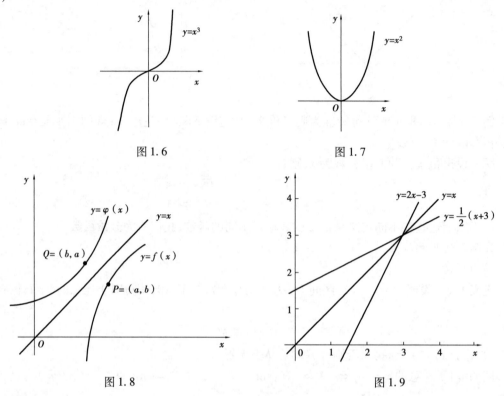

图 1.6　　　　　　　　　　　　　　　图 1.7

图 1.8　　　　　　　　　　　　　　　图 1.9

4)周期性

定义 1.5　设函数 $y = f(x)$,如果存在常数 $T > 0$,使得

$$f(x + T) = f(x)$$

恒成立,称函数 $y = f(x)$ 为**周期函数**,称 T 为 $y = f(x)$ 的周期. 通常周期函数的周期是指**最小正周期**.

　　例如,函数 $y = \sin x$ 及 $y = \cos x$ 都是以 2π 为周期的周期函数;

　　　　　函数 $y = \tan x$ 及 $y = \cot x$ 都是以 π 为周期的周期函数.

3. 反函数

定义 1.6　设函数 $y = f(x)$ 的定义域为 D,值域为 $f(D)$,若对于任意的 $y \in f(D)$,在 D 内都有唯一确定的 x 与之对应,记为 $x = \varphi(y)$. 称 $x = \varphi(y)$ 为 $y = f(x)$ 的**反函数**. 一般称 $y = f(x)$ 为**直接函数**.

　　在同一个坐标系下,$x = \varphi(y)$ 的图形与 $y = f(x)$ 的图形是同一个. 习惯上用 x 表示自变量,y 表示因变量,所以将反函数记为 $y = \varphi(x) = f^{-1}(x)$. 由于改变了自变量与因变量的记号,因此 $y = f^{-1}(x)$ 的图形与 $y = f(x)$ 的图形是关于直线 $y = x$ 对称的(图 1.8).

　　函数 $y = f(x)$ 在区间 D 上单调,它在这个区间上存在反函数 $y = f^{-1}(x)$,且反函数在区间 $f(D)$ 上也是单调的.

　　例 3　设函数 $y = 2x - 3$,求它的反函数并画出图形.

　　解　函数的值域为 **R**,从 $y = 2x - 3$ 中直接解出 x 得

反函数

$$x = \frac{1}{2}(y+3)$$

交换变量记号,得反函数

$$y = \frac{1}{2}(x+3) \quad x \in \mathbf{R}$$

直接函数 $y = 2x - 3$ 与其反函数 $y = \frac{1}{2}(x+3)$ 的图形关于直线 $y = x$ 对称(图1.9).

例4 正弦函数 $y = \sin x$ 的定义域为 $(-\infty, +\infty)$,值域为 $[-1,1]$,对于任意给定的 $y \in [-1,1]$,在 $(-\infty, +\infty)$ 中有无穷多个 x 的值满足 $\sin x = y$,因此 $y = \sin x(-\infty < x < +\infty)$ 不存在反函数,但是只要把正弦函数的定义域限制到 $\left[-\frac{\pi}{2}, \frac{\pi}{2}\right]$,这样得到的函数 $y = \sin x$ $\left(-\frac{\pi}{2} \leqslant x \leqslant \frac{\pi}{2}\right)$ 就存在反函数,这个反函数称为反正弦函数,记作 $y = \arcsin x$,定义域为 $[-1, 1]$,值域为 $\left[-\frac{\pi}{2}, \frac{\pi}{2}\right]$(图1.10).

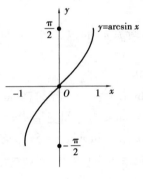

图1.10

同理,余弦函数 $y = \cos x(0 < x < \pi)$ 存在反余弦函数 $y = \arccos x$:反余弦函数的定义域为 $[-1,1]$,值域为 $[0,\pi]$(图1.11). 正切函数 $y = \tan x \left(-\frac{\pi}{2} < x < \frac{\pi}{2}\right)$ 存在反正切函数 $y = \arctan x$;反正切函数的定义域为 $(-\infty, +\infty)$,值域为 $\left(-\frac{\pi}{2}, \frac{\pi}{2}\right)$(图1.12). 余切函数 $y = \cot x(0 < x < \pi)$ 存在反余切函数 $y = \text{arccot } x$;反余切函数的定义域为 $(-\infty, +\infty)$,值域为 $(0,\pi)$(图1.13).

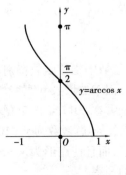

图1.11

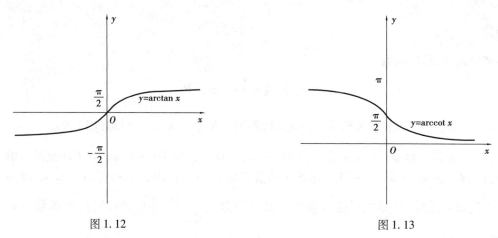

图 1.12   图 1.13

4.复合函数与初等函数

1)复合函数

定义 1.7 设函数 $y = f(u)$, $u = \varphi(x)$, 则称 $y = f[\varphi(x)]$ 是由 $y = f(u)$ 及 $u = \varphi(x)$ 复合而成的**复合函数**, 称 u 为中间变量.

注意构成复合函数必须满足函数 $f(u)$ 的定义域和中间变量 $\varphi(x)$ 的值域的交集非空, 即 $D_u \cap \varphi(D_x) \neq \varnothing$.

例5 讨论下列函数的复合过程

(1) $y = \sin x^2$;   (2) $y = (\ln 5x)^2$;   (3) $y = \arctan(e^{\cos 4x})$.

解 (1)函数 $y = \sin x^2$ 是由 $y = \sin u$ 与中间变量 $u = x^2$ 复合而成, u 是中间变量.

(2)函数 $y = (\ln 5x)^2$ 是由 $y = u^2$, $u = \ln v$ 及 $v = 5x$ 复合而成, 其中 u 和 v 都是中间变量.

(3)函数 $y = \arctan(e^{\cos 4x})$ 是由 $y = \arctan u$, $u = e^v$, $v = \cos t$, $t = 4x$ 复合而成, 其中 u、v、t 都是中间变量.

2)初等函数

常量函数、幂函数、指数函数、对数函数、三角函数和反三角函数统称为**基本初等函数**.

定义 1.8 由基本初等函数经过有限次四则运算和复合运算所构成的能用一个式子表示的函数, 称为**初等函数**.

例如 $y = ax^2 + bx + c$, $y = \dfrac{3x+2}{4x-6}$, $y = \sin e^x + \ln(1 + \sqrt{1+x^2})$ 等都是初等函数;

而 $y = \operatorname{sgn} x = \begin{cases} 1, & \text{当 } x > 0 \\ 0, & \text{当 } x = 0, \\ -1, & \text{当 } x < 0 \end{cases}$ 以及 $y = \begin{cases} 2x, & \text{当 } x < 0 \\ e^x, & \text{当 } x \geq 0 \end{cases}$ 都不是初等函数.

5.数学模型——指数模型

在农业、经济、医学、工程等多个领域中指数函数特别重要, 在涉及人口增长、种群繁衍、经济增长和元素放射性的衰变等多个方面中的增长和衰变均符合指数函数性质, 我们把这种模型称为指数模型或种群模型. 例如, 某人在 2017 年以年复利 5.5% 投资 10 000 元, 一年后账户上的金额总是前一年金额的 1.055 倍, n 年后钱数为 $y = 10\ 000 \cdot (1.055)^n$.

复利提供了指数增长的一个例子, 而且使用形为 $y = Pa^x$ 的函数来建模, 其中 P 是初始投资值而 a 等于 1 加上那个小数表示的利率.

例6 表 1.1 给出了某市人口的数据, 预测该市 2030 年人口.

表1.1

年　份	1970	1980	1990	2000	2010
人口/百万	25.8	34.9	48.2	66.8	81.1
增长率		1.352 7	1.381 1	1.385 9	1.215 6

解　基于表中第3行,因为给出的增长率有变化,我们取平均值并猜想每个十年的该市人口是上一个十年人口的1.333 8倍,在1970年后的任何时间,该市人口将是$25.8(1.333\ 8)^t$百万,2030年的人口是$t=6$,即1970年以后的第6个十年的人口大约为

$$P(6)=25.8(1.333\ 8)^6\approx 145.27$$

由于人口是连续增长的,而且$a^x=e^{\ln(a^x)}=e^{x\ln a}$,令$k=\ln a$,所以关于人口的模型通常用连续指数模型,

$$y=A_0e^{kt}$$

在后面学习中我们将会提到.

习题 1.1

1. 确定下列函数的定义域:

(1)$y=\sqrt{9-x^2}$;

(2)$y=\arcsin\dfrac{x-1}{2}$;

(3)$y=\dfrac{1}{x}-\sqrt{1-x^2}$;

(4)$y=\ln(x^2-1)$.

2. 下列给出的各对函数是不是相同的函数?

(1)$y=\lg x^2$ 与 $y=2\lg x$;

(2)$y=|x|$ 与 $y=\sqrt{x^2}$;

(3)$y=x$ 与 $y=\dfrac{x^2}{x}$.

3. 设$f(x)=\dfrac{x}{1-x}$,求$f[f(x)]$.

4. 如果函数$f(x)$的定义域为$(-1,0)$,求函数$f(x^2-1)$的定义域.

5. 判断下列函数的奇偶性:

(1)$f(x)=x^3|x|$;

(2)$f(x)=\dfrac{\sin x}{x}$;

(3)$f(x)=\dfrac{e^x+e^{-x}}{2}$;

(4)$f(x)=\sin x+\cos x$.

6. 利用图像判断下列函数在定义域内的单调性:

(1)$y=\left(\dfrac{1}{2}\right)^x$;

(2)$y=1-3x^2$.

7. 求下列函数的反函数:

(1)$y=\dfrac{x+2}{x-2}$;

(2)$y=1+\ln(x+2)$;

(3)$y=1+2\sin\dfrac{x-1}{x+1}$.

8. 试讨论下列函数复合过程及中间变量：

(1) $y = \sin x^2$；

(2) $y = (\arctan x)^2$；

(3) $y = \sin \ln(x^2 + 1)$；

(4) $y = \arccos \sqrt{x}$.

9. 用铁皮做一个容积为 V 的圆柱体罐头筒，试将它的表面积表示成底半径的函数，并确定此函数的定义域.

10. 拟建造一个容积为 V 的长方体水池，设它的底为正方形，池底单位面积的造价是四周单位面积造价的 2 倍，试将总造价表示成底边长的函数，并确定此函数的定义域.

11. 利用下表所给数据以及指数模型来预测中国 2032 年的人口.

年　份	2012	2013	2014	2015	2016
人口/百万	1 354	1 360.7	1 367.8	1 374.6	1 382.7

注：此数据来自 2017 年中国国家统计局.

1.2　变化率与极限

本节中我们将引进平均和瞬时变化率，进而引出本节的重要概念——极限.

1.2.1　变化率

例 1　变速直线运动的瞬时速度.

设 s 表示一物体从某时刻开始到时刻 t 作直线运动的路程，则 s 是时间 t 的函数 $s = 16t^2$.

当时间 t 由 $t = 2$ 改变到 $t = 2 + \Delta t$ 时，

物体所经过的距离为：$\Delta s = 16(2 + \Delta t)^2 - 16 \times 2^2$.

$$\frac{\Delta s}{\Delta t} = \frac{16(2 + \Delta t)^2 - 16 \times 2^2}{\Delta t} \tag{1}$$

当 $\Delta t = 1$ 时，在这一段时间内的平均速度为 80 m/s，若现在要计算该物体在 $t = 2$ 时刻的瞬时速度，则需要 $\Delta t = 0$，而 $\Delta t = 0$ 是不能作分母的，故只能让 Δt 无限接近于 0 而获得计算 $t = 2$ 时刻的瞬时速度. 当我们在这样做的时候(表 1.2)，发现当 Δt 无限接近于 0 时，平均速度趋向于 64 m/s.

表 1.2

Δt	1	0.1	0.01	0.001	0.000 1	0.000 01	…
$\dfrac{\Delta s}{\Delta t}$	80	65.6	64.16	64.016	64.001 6	64.000 16	…

由上可得瞬时速度是在极小时段的平均速度的值，为了能够更好地计算，需引入极限.

1.2.2　函数的极限

1. 极限的概念

在给出定义之前，再来看一个例子：

例 2　设函数 $f(x) = \dfrac{x^2-1}{x-1}$，讨论当 x 趋于 1 时，函数的变化趋势.

解　当 $x \neq 1$ 时，对函数化简有

$$f(x) = \frac{x^2-1}{x-1} = \frac{(x-1)(x+1)}{x-1} = x+1.$$

因此函数 $f(x) = \dfrac{x^2-1}{x-1}$ 的图形就是挖掉点 $(1,2)$ 的函数

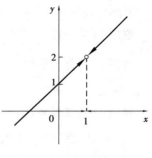

图 1.14

$g(x) = x+1$ 所对应的直线（图 1.14），即使 $f(x)$ 在点 $x=1$ 处无定义，可以选 x 充分靠近 1，使得 $f(x)$ 的值无限接近于 2（表 1.3）.

表 1.3

x	0.9	0.99	0.999	$\cdots$	1	$\cdots$	1.001	1.01	1.1
$f(x)$	1.9	1.99	1.999	$\cdots$	2	$\cdots$	2.001	2.01	2.1

由表 1.2 可见，当 x 无限趋向于 1 时，$f(x)$ 的值无限接近于 2，故称当 x 趋向于 1 时，$f(x)$ 的极限为 2.

定义 1.9　设函数 $f(x)$ 在点 x_0 的某个去心邻域内有定义，如果当 $x \to x_0 (x \neq x_0)$ 时，函数 $f(x)$ 无限地趋近于某个确定的常数 A，即 $|f(x)-A|$ 趋于零，则称常数 A 为函数 $f(x)$ 在 $x \to x_0$ 时的极限.

记为

$$\lim_{x \to x_0} f(x) = A \quad \text{或} \quad f(x) \to A (x \to x_0)$$

否则称当 $x \to x_0$ 时，$f(x)$ 极限不存在. 为了方便，可表述为"$\lim\limits_{x \to x_0} f(x)$ 不存在".

故例 1 中，瞬时速度 $v = \lim\limits_{\Delta t \to 0} \dfrac{\Delta s}{\Delta t} = \lim\limits_{\Delta t \to 0} \dfrac{16(2+\Delta t)^2 - 16 \times 2^2}{\Delta t} = 64.$

例 2 中，$\lim\limits_{x \to 1} \dfrac{x^2-1}{x-1} = 2.$

例 3　由函数图像，观察下列函数的极限：

(1) $\lim\limits_{x \to a} x$；　　　　(2) $\lim\limits_{x \to x_0} c (c \text{ 为常数})$；　　　　(3) $\lim\limits_{x \to \frac{\pi}{2}} \sin x$；　　　　(4) $\lim\limits_{x \to \frac{\pi}{4}} \tan x.$

解　观察函数图像（读者自行完成）可得

(1) $\lim\limits_{x \to a} x = a$；　　　　　　　　　　　　(2) $\lim\limits_{x \to x_0} c = c$；

(3) $\lim\limits_{x \to \frac{\pi}{2}} \sin x = 1$；　　　　　　　　　　(4) $\lim\limits_{x \to \frac{\pi}{4}} \tan x = 1.$

对于极限 $\lim\limits_{x \to x_0} f(x) = A$ 有以下两点需要注意：

(1) 在 $\overset{\circ}{U}(x_0)$ 内，$x \to x_0$ 表示 x 无限趋近于 x_0，但不等于 x_0，所以函数 $f(x)$ 在 x_0 处的极限与函数 $f(x)$ 在 x_0 处是否有定义无关. 仅仅关注函数的变化趋势.

(2) 初等函数 $f(x)$ 在 $x = x_0$ 处有定义时，有 $\lim\limits_{x \to x_0} f(x) = f(x_0)$（§ 2.5 中的结论）.

2. 极限的性质

性质 1 (唯一性) 若 $\lim\limits_{x \to x_0} f(x) = A$ 和 $\lim\limits_{x \to x_0} f(x) = B$, 则 $A = B$.

性质 2 (局部有界性) 若 $\lim\limits_{x \to x_0} f(x) = A$, 则存在常数 $M > 0$, 使得当 x 在相应的范围内, 有 $|f(x)| \leq M$.

性质 3 (局部保号性) 若 $\lim\limits_{x \to x_0} f(x) = A$,

(1) 如果对相应的范围内的所有 x, 均有 $f(x) \geq 0 (\leq 0)$, 则 $A \geq 0 (\leq 0)$;

(2) 如果 $A > 0 (< 0)$, 则对相应的范围内的所有 x, 均有 $f(x) > 0 (< 0)$.

性质 4 (运算性质) 如果 $\lim\limits_{x \to x_0} f(x) = A$, $\lim\limits_{x \to x_0} g(x) = B$, 则

① $\lim\limits_{x \to x_0} [f(x) \pm g(x)] = \lim\limits_{x \to x_0} f(x) \pm \lim\limits_{x \to x_0} g(x) = A \pm B$;

② $\lim\limits_{x \to x_0} [f(x) g(x)] = \lim\limits_{x \to x_0} f(x) \cdot \lim\limits_{x \to x_0} g(x) = A \cdot B$;

③ $\lim\limits_{x \to x_0} \dfrac{f(x)}{g(x)} = \dfrac{\lim\limits_{x \to x_0} f(x)}{\lim\limits_{x \to x_0} g(x)} = \dfrac{A}{B} (B \neq 0)$.

①、② 可推广到有限多个函数的情况, 且由此定理很容易得出以下推论:

推论 1 如果 $\lim\limits_{x \to x_0} f(x) = A$, C 为常数, 则 $\lim\limits_{x \to x_0} Cf(x) = C \lim\limits_{x \to x_0} f(x) = CA$.

即常数因子可以提到极限符号外面.

推论 2 如果 $\lim\limits_{x \to x_0} f(x) = A$, n 为任意正整数, 则

$$\lim\limits_{x \to x_0} f^n(x) = \left[\lim\limits_{x \to x_0} f(x) \right]^n = A^n; \qquad \lim\limits_{x \to x_0} f^{\frac{1}{n}}(x) = \left[\lim\limits_{x \to x_0} f(x) \right]^{\frac{1}{n}} = A^{\frac{1}{n}}.$$

例 4 求极限 $\lim\limits_{x \to 1} (x^2 - 5x + 8)$.

解 $\lim\limits_{x \to 1} (x^2 - 5x + 8) = \lim\limits_{x \to 1} x^2 - \lim\limits_{x \to 1} 5x + \lim\limits_{x \to 1} 8 = 1 - 5 + 8 = 4$.

因为初等函数在 x_0 处有定义, 有 $\lim\limits_{x \to x_0} f(x) = f(x_0)$. 上题也可以用此方法求极限.

$$\lim\limits_{x \to 1} (x^2 - 5x + 8) = 1^2 - 5 \times 1 + 8 = 4.$$

设 $P(x)$, $Q(x)$ 是多项式, 称 $F(x) = \dfrac{P(x)}{Q(x)}$ 为 (分式) 有理函数.

由于 $\lim\limits_{x \to x_0} P(x) = P(x_0)$, $\lim\limits_{x \to x_0} Q(x) = Q(x_0)$. 如果 $Q(x_0) \neq 0$, 则

$$\lim\limits_{x \to x_0} F(x) = \dfrac{\lim\limits_{x \to x_0} P(x)}{\lim\limits_{x \to x_0} Q(x)} = \dfrac{P(x_0)}{Q(x_0)} = F(x_0),$$

但如果 $Q(x_0) = 0$, 关于商的极限运算法则不能应用, 就需要另行考虑.

例 5 求极限 $\lim\limits_{x \to 1} \dfrac{x^2 - 5x + 8}{x^3 + x^2 + 2x + 1}$.

解 根据分式有理函数求极限的方法, 有

$$\lim\limits_{x \to 1} \dfrac{x^2 - 5x + 8}{x^3 + x^2 + 2x + 1} = \dfrac{\lim\limits_{x \to 1} (x^2 - 5x + 8)}{\lim\limits_{x \to 1} (x^3 + x^2 + 2x + 1)} = \dfrac{4}{5}.$$

例 6 求极限 $\lim\limits_{x \to 3} \dfrac{x^2 - 9}{x - 3}$.

分析 此类极限记作"$\frac{0}{0}$",称为未定型,不能直接用极限商的运算法则. 注意到当 $x\to3$ ($x\neq3$)时,$x-3\neq0$,因而分子、分母可以同时约去公因式 $x-3$.

解 $\lim\limits_{x\to3}\dfrac{x^2-9}{x-3}=\lim\limits_{x\to3}\dfrac{(x+3)(x-3)}{(x-3)}=\lim\limits_{x\to3}(x+3)=6.$

例7 求极限 $\lim\limits_{x\to1}\left(\dfrac{1}{x-1}-\dfrac{2}{x^2-1}\right).$

分析 此类极限记作"$\infty-\infty$",称为未定型,不能直接使用极限运算法则,一般处理方法是先通分,然后视情况再作合适处理.

解 $\lim\limits_{x\to1}\left(\dfrac{1}{x-1}-\dfrac{2}{x^2-1}\right)=\lim\limits_{x\to1}\dfrac{x-1}{x^2-1}=\lim\limits_{x\to1}\dfrac{1}{x+1}=\dfrac{1}{2}.$

1.2.3 单侧极限

为使 $x\to x_0$ 时有极限,函数 $f(x)$ 必须在 x_0 的两侧有定义,但是有部分函数并不满足这样的条件,函数 $f(x)$ 在 x_0 的左(或右)侧无定义,只能考虑函数从单个方向趋向于 x_0 的极限. 例如,函数 $f(x)=\sqrt{x}$ 的定义域 $[0,+\infty)$,x 只能从大于 0 的方向(0 的右侧)趋近于0.

定义1.10 当 x 从大于(或小于)x_0 的方向趋于 x_0 时,函数 $f(x)$ 的值无限接近于某一个确定的常数 A,称 A 为 $f(x)$ 在 x_0 的右(或左)极限,记作

$$\lim_{x\to x_0^+}f(x)=f(x_0^+)=A\left[\text{或}\lim_{x\to x_0^-}f(x)=f(x_0^-)=A\right]$$

定义1.11 函数的左极限、右极限统称为**单侧极限**.

根据极限的定义,得到如下定理.

定理1.1 $\lim\limits_{x\to x_0}f(x)=A$ 的充分必要条件是 $\lim\limits_{x\to x_0^-}f(x)=\lim\limits_{x\to x_0^+}f(x)=A.$

注:定理1.1主要用于分段函数在分段点处的极限讨论.

例8 设 $f(x)=|x|$,试判断极限 $\lim\limits_{x\to0}f(x)$ 是否存在.

解 $f(x)=|x|=\begin{cases}x, & x\geq0\\ -x, & x<0\end{cases}$

由于该函数在点 $x=0$ 的左、右侧的表达式不同,所以需分左、右极限来讨论,如图 1.15 所示.

$$\lim_{x\to0^+}f(x)=\lim_{x\to0^+}x=0,\lim_{x\to0^-}f(x)=\lim_{x\to0^-}(-x)=0$$

所以由定理2.1得

$$\lim_{x\to0}f(x)=0$$

例9 设 $f(x)=\begin{cases}x-1, & x<0\\ 0, & x=0\\ x+1, & x>0\end{cases}$,试判断极限 $\lim\limits_{x\to0}f(x)$ 是否存在.

解 分左、右极限来讨论,如图 1.16 所示.

$$\lim_{x\to0^+}f(x)=\lim_{x\to0^+}(x+1)=1,\lim_{x\to0^-}f(x)=\lim_{x\to0^-}(x-1)=-1.$$

因为 $f(x)$ 在 $x=0$ 处的左、右极限都存在,但不相等,所以 $\lim\limits_{x\to0}f(x)$ 不存在.

例10(铅直渐近线) 求极限 $\lim\limits_{x\to1}\dfrac{1}{x-1}.$

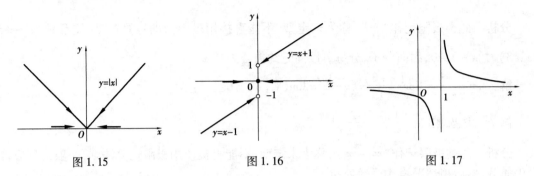

图 1.15　　　　　　　　图 1.16　　　　　　　　图 1.17

解　仔细观察函数 $f(x) = \dfrac{1}{x-1}$ 的图像,当 $x \to 1^+$ 时 $f(x)$ 的值无限增长,最终达到并超过所有可能的正实数,即对于任何正实数,不管它有多大,$f(x)$ 的值仍然会变得更大(图 1.17).因此 $f(x)$ 在 $x=1$ 处没有右极限,但为了方便,对于 $f(x)$ 趋向于无穷大的情形,我们记作 $\lim\limits_{x \to 1^+} \dfrac{1}{x-1} = +\infty$.同理,$\lim\limits_{x \to 1^-} \dfrac{1}{x-1} = -\infty$.特别地,如果函数 $f(x)$ 满足 $\lim\limits_{x \to x_0} f(x) = \infty$,我们称其有铅直渐近线.

定义 1.12　如果 $\lim\limits_{x \to a} f(x) = \infty$,则称直线 $x=a$ 为曲线 $y=f(x)$ 的铅直渐近线.

例 11　曲线 $y = \cot x = \dfrac{\cos x}{\sin x}$ 和 $y = \csc x = \dfrac{1}{\sin x}$ 在 $x = k\pi$ 处(因为 $\sin x = 0$)都有铅直渐近线(图 1.18).

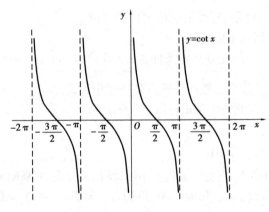

图 1.18

1.2.4　复合函数的极限运算法则

定理 1.2(复合函数的极限运算法则)　设函数 $y = f(u)$ 和 $u = \varphi(x)$ 分别满足 $\lim\limits_{u \to u_0} f(u) = A$ 与 $\lim\limits_{x \to x_0} \varphi(x) = u_0$,则由函数 $y = f(u)$ 和 $u = \varphi(x)$ 复合得到的函数 $y = f[\varphi(x)]$ 极限存在,且有

$$\lim\limits_{x \to x_0} f[\varphi(x)] = \lim\limits_{u \to u_0} f(u) = A.$$

例 12　$(1) \lim\limits_{x \to \frac{\pi}{2}} \ln(\sin x)$;$(2) \lim\limits_{x \to 1} \mathrm{e}^{x^2 - 5x + 8}$.

解　(1)令 $u = \sin x$，由于 $\lim\limits_{x \to \frac{\pi}{2}} \sin x = \sin \frac{\pi}{2} = 1$，故

$$\lim_{x \to \frac{\pi}{2}} \ln(\sin x) = \lim_{u \to 1} \ln u = \ln 1 = 0.$$

(2)令 $u = x^2 - 5x + 8$，由于 $\lim\limits_{x \to 1}(x^2 - 5x + 8) = 4$，故

$$\lim_{x \to 1} e^{x^2 - 5x + 8} = \lim_{u \to 4} e^u = e^4.$$

例 13　求极限 $\lim\limits_{x \to 0} \dfrac{\sqrt{1+x} - \sqrt{1-x}}{x}$.

分析　极限为"$\dfrac{0}{0}$"型，通过分子有理化恒等变形，再计算极限.

解　$\lim\limits_{x \to 0} \dfrac{\sqrt{1+x} - \sqrt{1-x}}{x} = \lim\limits_{x \to 0} \dfrac{(\sqrt{1+x} - \sqrt{1-x})(\sqrt{1+x} + \sqrt{1-x})}{x(\sqrt{1+x} + \sqrt{1-x})}$

$$= \lim_{x \to 0} \frac{2}{\sqrt{1+x} + \sqrt{1-x}} = \frac{2}{\lim\limits_{x \to 0}(\sqrt{1+x} + \sqrt{1-x})} = 1.$$

形如 $[f(x)]^{g(x)}(f(x) > 0)$ 的函数称为**幂指函数**. 因为 $[f(x)]^{g(x)} = e^{g(x)\ln f(x)}$，根据复合函数求极限及极限的四则运算法则，**幂指函数**的极限计算有以下方法.

设函数 $f(x)$ 和 $g(x)$ 分别满足 $\lim f(x) = A > 0$ 和 $\lim g(x) = B$，则函数 $[f(x)]^{g(x)}$ 的极限存在，且有

$$\lim [f(x)]^{g(x)} = [\lim f(x)]^{\lim g(x)} = A^B.$$

例 14　求极限 $\lim\limits_{x \to 0}(1 + \cos x)^{\sin x + 2e^x}$.

解　因为 $\lim\limits_{x \to 0}(1 + \cos x) = 2, \lim\limits_{x \to 0}(\sin x + 2e^x) = 2$，

可得　　$\lim\limits_{x \to 0}(1 + \cos x)^{\sin x + 2e^x} = \left[\lim\limits_{x \to 0}(1 + \cos x)\right]^{\lim\limits_{x \to 0}(\sin x + 2e^x)}$

$$= 2^2 = 4.$$

习题 1.2

1. 计算下列极限：

$(1) \lim\limits_{x \to 0}\left(x^3 - x + 1 - \dfrac{2}{x - 3}\right)$；

$(2) \lim\limits_{x \to 1} \dfrac{x^2 + x + 1}{x^3 - 3x + 1}$；

$(3) \lim\limits_{x \to 1} \dfrac{x^2 - 2x + 1}{x^2 - 1}$；

$(4) \lim\limits_{x \to 1} \dfrac{x^n - 1}{x - 1}, (n \text{ 取正整数})$；

$(5) \lim\limits_{x \to 1}\left(\dfrac{x}{x - 1} - \dfrac{1}{x^2 - x}\right)$；

$(6) \lim\limits_{x \to 1}\left(\dfrac{1}{1 - x} - \dfrac{3}{1 - x^3}\right)$；

$(7) \lim\limits_{h \to 0} \dfrac{(x + h)^2 - x^2}{h}$；

$(8) \lim\limits_{x \to 0} \dfrac{\sqrt{x + 2} - \sqrt{2}}{x}$；

$(9) \lim\limits_{x \to 1} \dfrac{\sqrt{3 - x} - \sqrt{1 + x}}{x^2 - 1}$；

$(10) \lim\limits_{x \to 0} \dfrac{x^2}{1 - \sqrt{1 + x^2}}$；

2. 求下列函数在指定点处的左、右极限,并判断函数在该点的极限是否存在:

(1) $f(x) = \dfrac{|x|}{x}$, $x = 0$;

(2) $f(x) = \begin{cases} \ln(x+1), & x \geq 0 \\ x, & x < 0 \end{cases}$, $x = 0$;

(3) $f(x) = \begin{cases} \sin x, & x \geq \dfrac{\pi}{2} \\ \dfrac{2}{\pi}x, & x < \dfrac{\pi}{2} \end{cases}$, $x = \dfrac{\pi}{2}$.

3. 判断下列函数是否有铅直渐近线,如果有,请写出渐近线.

(1) $y = \dfrac{x^2 - 4}{x + 1}$;

(2) $y = \dfrac{x^3 - 2x^2 + 1}{x^2 - 1}$.

4. 计算下列极限:

(1) $\lim\limits_{x \to 0} \sqrt{e^x + x + 1}$;

(2) $\lim\limits_{x \to \frac{\pi}{4}} \ln(\cos x)$;

(3) $\lim\limits_{x \to +\infty} (\sqrt{x+2} - \sqrt{x})$;

(4) $\lim\limits_{x \to 1} \dfrac{\sqrt{3-x} - \sqrt{1+x}}{x^2 - 1}$;

(5) $\lim\limits_{x \to 0} \dfrac{x^2}{1 - \sqrt{1 + x^2}}$;

(6) $\lim\limits_{x \to \frac{1}{\sqrt{2}}} \arcsin x^2$.

1.3 无穷处的极限

1.3.1 数列极限

在生产和生活实践中,人们经常遇到一串按一定顺序排列起来的无穷多个数. 设有一半径为 1 的单位圆,分别作圆内接正三边形,设其面积为 S_1;作内接正四边形,设其面积为 S_2;作内接正 n 边形,设其面积为 S_n…依次记下,可得

$$S_1, S_2, S_3, \cdots, S_n, \cdots$$

它们构成一列有次序的数. n 越大,内接正多边形与圆的差别越小,从而以 S_n 作为圆的面积也越来越精确,但 n 不论取多大,S_n 终究只是正多边形的面积,还不是圆的面积,设想 n 无限增大(记为 $n \to \infty$),即内接正多边形的边数无限增加,在这个过程中,从图形上来看正多边形将无限接近于圆,从数值上来看,内接正多边形的面积 S_n 将无限接近于一个确定的数值,这个数值就是所要求得圆的面积. 从数学上来看,这个数值称为这列数列的极限. 可以看到这个数列的极限精确地表达了圆的面积. 公元 3 世纪我国古代的数学家刘徽就是用这样的方法(割圆术)来推算圆的面积. 下面我们再看几个具体的数列.

例 1 观察下列数列及其通项.

(1) $1, 2, 3, \cdots, n, \cdots$,其通项 $a_n = n$,记为 $\{n\}$;

(2) $\dfrac{1}{2}, \dfrac{1}{3}, \cdots, \dfrac{1}{n}, \cdots$ 其通项 $a_n = \dfrac{1}{n}$,记为 $\left\{\dfrac{1}{n}\right\}$;

(3) $-1, \dfrac{1}{2}, -\dfrac{1}{3}, \dfrac{1}{4}, \cdots, (-1)^n \dfrac{1}{n}, \cdots$ 其通项 $a_n = (-1)^n \dfrac{1}{n}$,记为 $\left\{(-1)^n \dfrac{1}{n}\right\}$;

(4) $1, -1, 1, -1, \cdots, (-1)^{n+1}, \cdots$ 其通项 $a_n = (-1)^{n+1}$,记为 $\{(-1)^{n+1}\}$;

(5)a ,a,$\cdots$,a,$\cdots$其通项 $a_n = a$,记为 $\{a\}$(称为**常数数列**).

定义域为正整数的函数,记为

$$f(n) = a_n \quad (n = 1,2,3,\cdots)$$

称为**数列**. 数列是函数的一种特殊情况,数列记为 $\{a_n\}$.

如果　$a_1 \leqslant a_2 \leqslant a_3 \leqslant \cdots \leqslant a_n \leqslant a_{n+1} \leqslant \cdots$,则称数列 $\{a_n\}$ **单调增加**;

如果　$a_1 \geqslant a_2 \geqslant a_3 \geqslant \cdots \geqslant a_n \geqslant a_{n+1} \geqslant \cdots$,则称数列 $\{a_n\}$ **单调减少**.

单调增加和单调减少的数列统称为**单调数列**.

如果存在正数 $M > 0$,对一切 n 有 $|a_n| \leqslant M$,则称数列 $\{a_n\}$ **有界**;否则称 $\{a_n\}$ **无界**.

对于数列重要的是,考察当 n 无限增大时($n \to \infty$),通项 a_n 的趋势问题,即关注数列是否趋向于某个确定的数? 很显然在用割圆术求圆的面积过程中,内接正多边形越来越接近圆,内接正多边形面积 S_n 无限趋近于圆面积. 在例 1 中当 $n \to \infty$ 时,

数列(1)的通项 $a_n = n$ 无限增大;

数列(2)的通项 $a_n = \dfrac{1}{n}$ 越来越小,无限趋近于零;

数列(3)的通项 $a_n = (-1)^n \dfrac{1}{n}$ 的绝对值越来越小,无限趋近于零;

数列(4)的通项 $a_n = (-1)^{n+1}$,交替取 1 或 -1,并不趋近于某个确定的常数;

数列(5)的通项 $a_n = a$ 始终是一个确定的常数.

对于例 1 中的数列(2)、(3)、(5),当 $n \to \infty$ 时,a_n 都无限趋近于某个确定的常数,这个常数称为数列的极限.

定义 1.13　对于数列 $\{a_n\}$,如果当 n 无限增大时,a_n 无限趋近于某个确定的常数 A,即 $|a_n - A|$ 趋于零,则称常数 A 是数列 $\{a_n\}$ 当 $n \to \infty$ 时的**极限**,记作

$$\lim_{n \to \infty} a_n = A \quad \text{或} \quad a_n \to A(n \to \infty)$$

如果数列 $\{a_n\}$ 的极限存在,那么称 $\{a_n\}$ 是**收敛**的;否则称数列 $\{a_n\}$ 是**发散**的.

由定义,$\lim\limits_{n \to \infty} S_n = S_{\text{圆}}$、$\lim\limits_{n \to \infty} \dfrac{1}{n} = 0$、$\lim\limits_{n \to \infty} (-1)^n \dfrac{1}{n} = 0$、$\lim\limits_{n \to \infty} a = a$ 而 $\lim\limits_{n \to \infty} (-1)^{n+1}$ 不存在、$\lim\limits_{n \to \infty} n$ 不存在.

为方便起见,有时也将 $n \to \infty$ 时,$|a_n|$ 无限增大的情况(数列是发散的),习惯说成 $\{a_n\}$ 趋向于 ∞,或称其极限为 ∞,并记为 $\lim\limits_{n \to \infty} a_n = \infty$.

注:由于数列可以理解为特殊函数,故函数极限的性质完全适用于数列极限.

1.3.2　函数在无穷处的极限

数列 $\{a_n\}$ 是一种特殊的函数,它的极限是自变量离散的,无限变大时,考察 $f(n) = a_n$ 的趋势. 而对于一般函数,自变量是一个连续的无限变化过程,关注函数的变化趋势,即函数的极限问题.

当 $x \to \infty$ 时函数 $f(x)$ 的极限

例 2　设函数 $f(x) = \dfrac{1}{x}(x \neq 0)$,讨论当 $x \to \infty$ 时,函数的变化趋势.

从图形(图 1.19)上看,当自变量 x 无限增大或无限变小时,函

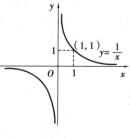

图 1.19

数 $f(x)$ 无限趋近于零. 称 $x\to\infty$ 时, $f(x)$ 以零为极限.

定义 1.14　如果当 $x\to\infty$ 时,函数 $f(x)$ 无限地接近于某个确定的常数 A,即 $|f(x)-A|$ 趋于零,则称常数 A 为函数 $f(x)$ 当 $x\to\infty$ 时的极限. 记为

$$\lim_{x\to\infty}f(x)=A.$$

如果当自变量 x 朝 x 轴正方向(或反方向)无限变大(或无限变小)时,对应的函数无限地趋近于某个确定的常数 A,则称 A 是 $f(x)$ 当 $x\to+\infty$ $(x\to-\infty)$ 时的极限,记作

$$\lim_{x\to+\infty}f(x)=A \quad \text{或} \quad \lim_{x\to-\infty}f(x)=A$$

例如:由函数图像(读者自行完成)观察可得 $\lim\limits_{x\to\infty}\dfrac{1}{x}=0$, $\lim\limits_{x\to-\infty}e^x=0$. 特别地,如果函数 $f(x)$ 满足 $\lim\limits_{x\to\infty}f(x)=b$,我们称其有水平渐近线.

定义 1.15　如果 $\lim\limits_{x\to\infty}f(x)=b$,则直线 $y=b$ 为曲线 $y=f(x)$ 的**水平渐近线**.

由上可得 $y=0$ 是函数 $y=\dfrac{1}{x}$ 和 $y=e^x$ 的水平渐近线.

例 3　求极限 $\lim\limits_{x\to\infty}\dfrac{2x^2-2x+1}{3x^2+1}$.

分析　当 $x\to\infty$ 时,分别考察分子和分母均趋于 ∞,此类极限记作"$\dfrac{\infty}{\infty}$",称为未定型. 不能使用极限的四则运算法则. 注意分子与分母的最高次幂为 2,将分子、分母同时除以 x^2.

解
$$\lim_{x\to\infty}\frac{2x^2-2x+1}{3x^2+1}=\lim_{x\to\infty}\frac{2-\dfrac{2}{x}+\dfrac{1}{x^2}}{3+\dfrac{1}{x^2}}=\frac{\lim\limits_{x\to\infty}\left(2-\dfrac{2}{x}+\dfrac{1}{x^2}\right)}{\lim\limits_{x\to\infty}\left(3+\dfrac{1}{x^2}\right)}=\frac{2}{3}.$$

例 4　求极限 $\lim\limits_{x\to\infty}\dfrac{3x^2-2x-1}{2x^3-x^2+5}$.

解　此极限为"$\dfrac{\infty}{\infty}$",用分式中的最高次幂 x^3 同除分子和分母,有

$$\lim_{x\to\infty}\frac{3x^2-2x-1}{2x^3-x^2+5}=\lim_{x\to\infty}\frac{\dfrac{3}{x}-\dfrac{2}{x^2}-\dfrac{1}{x^3}}{2-\dfrac{1}{x}+\dfrac{5}{x^3}}=0.$$

例 5　求极限 $\lim\limits_{x\to\infty}\dfrac{x^3+1}{8x^2+2x+9}$.

解　此极限为"$\dfrac{\infty}{\infty}$",需考虑它的倒数再用分式中的最高次幂 x^3 同除以分子和分母,有

$$\lim_{x\to\infty}\frac{8x^2+2x+9}{x^3+1}=\lim_{x\to\infty}\frac{\dfrac{8}{x}+\dfrac{2}{x^2}+\dfrac{9}{x^3}}{1+\dfrac{1}{x^3}}=0$$

故有

$$\lim_{x\to\infty}\frac{x^3+1}{8x^2+2x+9}=\infty.$$

对 $\dfrac{\infty}{\infty}$ 型的极限有如下结论:当自变量 $x \to \infty$(其中 $a_0 \neq 0, b_0 \neq 0$)

$$\lim_{x \to \infty} \frac{a_0 x^m + a_1 x^{m-1} + \cdots + a_{m-1} x + a_m}{b_0 x^n + b_1 x^{n-1} + \cdots + b_{n-1} x + b_n} = \begin{cases} 0, & (n > m) \\ \dfrac{a_0}{b_0}, & (n = m). \\ \infty, & (n < m) \end{cases}$$

其中 m, n 为非负整数.

例5、例6、例7 也可直接由以上结论得到极限结果. 结论推广到根式情形也成立.

例6 求极限 $\lim\limits_{x \to \infty} \dfrac{\sqrt{4x^4 + 5}(3 - 2x)^9}{(2x + 1)^{11}}$.

解 由于分子分母最高次是同次的. 故此极限为最高次系数之比.

即 $\lim\limits_{x \to \infty} \dfrac{\sqrt{4x^4 + 5}(3 - 2x)^9}{(2x + 1)^{11}} = -\dfrac{1}{2}$.

习题 1.3

1. 计算下列极限:

$(1) \lim\limits_{x \to \infty} \dfrac{6x + 1}{3x - 2}$;

$(2) \lim\limits_{x \to \infty} \dfrac{x^2 + x}{x^4 - x + 1}$;

$(3) \lim\limits_{n \to \infty} \dfrac{n^3}{n^2 + 2n - 1}$;

$(4) \lim\limits_{x \to +\infty} \dfrac{(x - 1)^{10}(2x - 3)^{10}}{(3x - 5)^{20}}$;

$(5) \lim\limits_{n \to \infty} \dfrac{(n + 1)(n + 2)(n + 3)}{n^3}$;

$(6) \lim\limits_{x \to \infty} \dfrac{x^2 + 2x + 1}{x^3 + 1}$.

2. 如果 $\lim\limits_{x \to \infty} \left(\dfrac{x^2 + 1}{x + 1} - ax - b \right) = 0$,求 a, b 的值.

1.4 极限存在准则与两个重要极限

极限的四则运算只能计算部分简单的函数极限,对于含有三角函数或者 1^∞ 型的幂指函数就无能为力了. 本节课将介绍两个重要极限并用其解决三角函数比值及 1^∞ 型的幂指函数的极限.

1.4.1 三明治定理与第一个重要极限

1. 三明治定理

定理 1.3 如果数列 $\{a_n\}$、$\{b_n\}$ 和 $\{c_n\}$ 满足 $a_n \leqslant b_n \leqslant c_n$,且 $\lim\limits_{n \to \infty} a_n = \lim\limits_{x \to \infty} c_n = a$

则

$$\lim_{x \to \infty} b_n = a.$$

例1 利用极限存在的三明治定理证明

$$\lim_{n \to \infty} \left(\frac{1}{\sqrt{n^2+1}} + \frac{1}{\sqrt{n^2+2}} + \cdots + \frac{1}{\sqrt{n^2+n}} \right) = 1$$

证明: 因为

$$\frac{n}{\sqrt{n^2+n}} \leqslant \frac{1}{\sqrt{n^2+1}} + \frac{1}{\sqrt{n^2+2}} + \cdots + \frac{1}{\sqrt{n^2+n}} \leqslant \frac{n}{\sqrt{n^2+1}}$$

而

$$\lim_{x \to \infty} \frac{n}{\sqrt{n^2+n}} = \frac{1}{\sqrt{1+\frac{1}{n}}} = 1, \lim_{x \to \infty} \frac{n}{\sqrt{n^2+1}} = \frac{1}{\sqrt{1+\frac{1}{n^2}}} = 1$$

由三明治定理可知

$$\lim_{n \to \infty} \left(\frac{1}{\sqrt{n^2+1}} + \frac{1}{\sqrt{n^2+2}} + \cdots + \frac{1}{\sqrt{n^2+n}} \right) = 1.$$

定理 1.4   如果函数 $f(x), g(x), h(x)$ 在 $U(x_0, \delta)$ 内满足 $g(x) \leqslant f(x) \leqslant h(x)$,且 $\lim_{x \to x_0} g(x) = \lim_{x \to x_0} h(x) = A$,则

$$\lim_{x \to x_0} f(x) = A.$$

2. 第一个重要极限 $\lim_{x \to 0} \dfrac{\sin x}{x} = 1$

例 2   证明: $\lim_{x \to 0} \dfrac{\sin x}{x} = 1$.

证明: 由于 $\dfrac{\sin x}{x}$ 是偶函数,因此,只讨论 x 由正值趋于零的情

形. 在单位圆内,设圆心角 $\angle AOB = x$,当 $0 < x < \dfrac{\pi}{2}$ 时,作图 1.20,

有 $S_{\triangle AOB} < S_{扇形 AOB} < S_{\triangle AOD}$

因为 $S_{\triangle AOB} = \dfrac{1}{2} OA \cdot BC = \dfrac{1}{2} \sin x;$

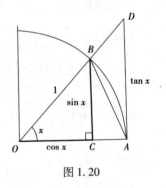

图 1.20

$$S_{扇形 AOB} = \frac{1}{2} \cdot x \cdot |OA|^2 = \frac{1}{2} x;$$

$$S_{\triangle AOD} = \frac{1}{2} OA \cdot AD = \frac{1}{2} \tan x;$$

所以 $\dfrac{1}{2} \sin x < \dfrac{1}{2} x < \dfrac{1}{2} \tan x$,即 $\sin x < x < \tan x$.

同除 $\sin x$ 得 $1 < \dfrac{x}{\sin x} < \dfrac{1}{\cos x}$,即 $\cos x < \dfrac{\sin x}{x} < 1$. 由于 $\lim_{x \to 0} \cos x = 1$,

根据定理 1.2 有 $\lim_{x \to 0} \dfrac{\sin x}{x} = 1.$

以上极限可以推广为 $\lim_{u(x) \to 0} \dfrac{\sin u(x)}{u(x)} = 1.$

例 3   求极限 $\lim_{x \to 0} \dfrac{\tan x}{x}$.

解 $\lim_{x \to 0} \dfrac{\tan x}{x} = \lim_{x \to 0} \dfrac{\sin x}{x \cos x} = \lim_{x \to 0} \dfrac{\sin x}{x} \cdot \lim_{x \to 0} \dfrac{1}{\cos x} = 1.$

例 4 求极限 $\lim\limits_{x \to 0} \dfrac{\arcsin x}{x}$.

解 令 $u = \arcsin x$,当 $x \to 0$ 时,有 $u \to 0$,于是

$$\lim_{x \to 0} \frac{\arcsin x}{x} = \lim_{u \to 0} \frac{u}{\sin u} = 1.$$

例 5 求极限 $\lim\limits_{x \to 0} \dfrac{1 - \cos x}{x^2}$.

解 $\lim\limits_{x \to 0} \dfrac{1 - \cos x}{x^2} = \lim\limits_{x \to 0} \dfrac{2 \sin^2 \dfrac{x}{2}}{x^2} = \dfrac{1}{2} \lim\limits_{x \to 0} \dfrac{\left(\sin \dfrac{x}{2} \right)^2}{\left(\dfrac{x}{2} \right)^2} = \dfrac{1}{2}.$

1.4.2 数列收敛准则与第二个重要极限

定理 1.5(数列收敛准则) 单调有界数列必有极限.

定理的正确性根据几何意义是显见的.

若数列单调递增且有上界 $(a_n < M)$,即表示数轴上一串不断向右排列的无限个点,又不超过 M 点,这些点只能无限趋近于某一个常数 A(图 1.21).

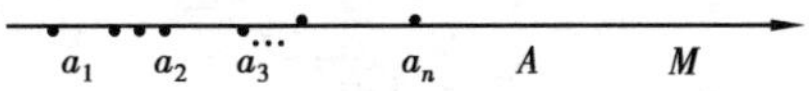

图 1.21

例如,数列 $\{a_n\} = \left\{ 1 - \dfrac{1}{2^n} \right\}$,即 $\dfrac{1}{2}, \dfrac{3}{4}, \dfrac{7}{8}, \cdots$. 显然 $\{a_n\}$ 是单调增加的,且 $a_n < 1$,所以由定理 1.5 可知 $\lim\limits_{n \to \infty} a_n$ 一定存在,且有 $\lim\limits_{n \to \infty} \left(1 - \dfrac{1}{2^n} \right) = 1$.

1. 关于 e 的极限

e 是一个约等于 2.718 281 828 459 045 235 36 的无理数. 在数学中有以 e 为底的指数函数和对数函数,数学中把这个数称为自然常数. 这里的"自然"并不是现在人所谓的"大自然",而是有点"天然存在,非人为"的意思. 我们先看一个例子.

假设你在银行存了 1 元钱,很不幸同时发生了严重的通货膨胀,银行利率达到了 100%!银行 1 年才会付一次利息,故满 1 年银行付你 1 元,存款达 2 元;银行发善心,每半年付利息,你可以利息提前存入,1 年后存款余额将是 $\left(1 + \dfrac{1}{2} \right)^2 = 2.25$ 元;假设银行超级实在,每 4 个月付一次利息,利息生利息,年底存款余额为 $\left(1 + \dfrac{1}{3} \right)^3 \approx 2.37$ 元;假设银行愿意天天结息,这样利滚利,年底存款余额为 $\left(1 + \dfrac{1}{365} \right)^{365} \approx 2.714\ 567\ 482\ 02$,假设银行丧心病狂地每秒结息再存入,一年共 31 536 000 秒,则利滚利的余额 $\left(1 + \dfrac{1}{31\ 536\ 000} \right)^{31\ 536\ 000} \approx 2.718\ 281\ 785\ 3$. 这时你会发现,费了半天劲也没多挣几个钱,无论怎么利滚利,其余额总是无法突破 e 这个数. 也就是说,随着 n 的增大,数列的项 $a_n = \left(1 + \dfrac{1}{n} \right)^n$ 一直在增大,但是永远不会突破 e 这个数. 根据定理 1.5,则有

$$\lim_{n \to \infty} \left(1 + \frac{1}{n}\right)^n = e.$$

具体证明略.

例 6(种群模型) 某种细菌繁殖的速度在培养基充足等条件满足时,与当时已有的数量成正比,即,$v = kA_0$($k > 0$ 为比例常数). 建立细菌繁殖的数学模型.

模型的假设:细菌的繁殖是连续变化的,在很短的时间内增长的数量变得很小,故认为繁殖速度可近似看作不变.

模型的建立:

将时间间隔 t 分成 n 等份,在第一段时间 $\left[0, \frac{t}{n}\right]$ 内,细菌繁殖的数量为 $kA_0 \frac{t}{n}$,在第一段时间末细菌的数量为 $A_0\left(1 + k\frac{t}{n}\right)$,同样,第二段时间末细菌的数量为 $A_0\left(1 + k\frac{t}{n}\right)^2$;以此类推,最后一段时间末细菌的数量为 $A_0\left(1 + k\frac{t}{n}\right)^n$,经过时间 t 后,细菌的总数是

$$\lim_{n \to \infty} A_0\left(1 + k\frac{t}{n}\right)^n = \lim_{n \to \infty} A_0\left[\left(1 + k\frac{t}{n}\right)^{\frac{n}{kt}}\right]^{kt} = A_0 e^{kt}.$$

故此种群的数学模型为:

$$y = A_0 e^{kt}.$$

2. 第二个重要极限 $\lim\limits_{x \to \infty} \left(1 + \frac{1}{x}\right)^x = e$

由于 $\lim\limits_{n \to \infty} \left(1 + \frac{1}{n}\right)^n = e$,故当 x 连续变化且趋于无穷大时,函数的极限 $\lim\limits_{x \to \infty} \left(1 + \frac{1}{x}\right)^x$ 存在且也等于 e(在后面章节有证明),即

$$\lim_{x \to \infty} \left(1 + \frac{1}{x}\right)^x = e,$$

上式也可写为
$$\lim_{u \to 0} (1 + u)^{\frac{1}{u}} = e.$$

可推广为
$$\lim_{u(x) \to \infty} \left[1 + \frac{1}{u(x)}\right]^{u(x)} = e.$$

下面举例说明这个公式的应用.

例 7 求 $\lim\limits_{x \to \infty} \left(1 + \frac{1}{x}\right)^{3x}$.

解 $\lim\limits_{x \to \infty} \left(1 + \frac{1}{x}\right)^{3x} = \left[\lim\limits_{x \to \infty} \left(1 + \frac{1}{x}\right)^x\right]^3 = e^3.$

例 8 求 $\lim\limits_{x \to \infty} \left(1 + \frac{1}{x}\right)^{x+5}$.

解 $\lim\limits_{x \to \infty} \left(1 + \frac{1}{x}\right)^{x+5} = \lim\limits_{x \to \infty}\left[\left(1 + \frac{1}{x}\right)^x \left(1 + \frac{1}{x}\right)^5\right]$

$\qquad = \lim\limits_{x \to \infty} \left(1 + \frac{1}{x}\right)^x \cdot \lim\limits_{x \to \infty} \left(1 + \frac{1}{x}\right)^5 = e.$

例 9 求 $\lim\limits_{x \to 0} \dfrac{\ln(1+x)}{x}$.

解 由于 $\dfrac{\ln(1+x)}{x} = \ln(1+x)^{\frac{1}{x}}$,故

$$\lim_{x\to 0}\frac{\ln(1+x)}{x} = \lim_{x\to 0}\ln(1+x)^{\frac{1}{x}} = \ln\left[\lim_{x\to 0}(1+x)^{\frac{1}{x}}\right] = \ln\mathrm{e} = 1.$$

例 10 求 $\lim\limits_{x\to 0}\dfrac{\mathrm{e}^x-1}{x}$.

解 令 $u = \mathrm{e}^x - 1$,即 $x = \ln(1+u)$,则当 $x\to 0$ 时,$u\to 0$,于是

$$\lim_{x\to 0}\frac{\mathrm{e}^x-1}{x} = \lim_{u\to 0}\frac{u}{\ln(1+u)} = 1.$$

习题 1.4

1. 计算下列极限:

(1) $\lim\limits_{x\to 0}\dfrac{x}{\sin 3x}$;

(2) $\lim\limits_{x\to 0}\dfrac{\sin 2x}{\sin 3x}$;

(3) $\lim\limits_{x\to 0}\dfrac{\tan 4x}{\sin 2x}$;

(4) $\lim\limits_{x\to 0}\dfrac{\tan 5x}{\tan 3x}$;

(5) $\lim\limits_{x\to 0}\dfrac{\arctan x}{x}$;

(6) $\lim\limits_{x\to 0}\dfrac{\sin(\sin x)}{\sin x}$;

(7) $\lim\limits_{x\to 0}\dfrac{\tan x-\sin x}{x}$;

(8) $\lim\limits_{x\to 0}\dfrac{x-\sin x}{x+\sin x}$;

(9) $\lim\limits_{x\to 0}\dfrac{\ln(1-x)}{x}$;

(10) $\lim\limits_{x\to 0}\dfrac{\mathrm{e}^{2x}-1}{x}$;

(11) $\lim\limits_{x\to\infty}\left(\dfrac{x+1}{x}\right)^x$;

(12) $\lim\limits_{x\to\infty}\left(1-\dfrac{2}{x}\right)^{2x}$;

(13) $\lim\limits_{x\to\infty}\left(\dfrac{x+1}{x-2}\right)^x$;

(14) $\lim\limits_{x\to\infty}\left(\dfrac{2x+1}{2x-1}\right)^x$.

2. 设 $\lim\limits_{x\to\infty}\left(\dfrac{x+a}{x-a}\right)^x = 4$,求 a.

3. 设 $\lim\limits_{x\to\infty}\left(\dfrac{x-k}{x}\right)^x = \lim\limits_{x\to\infty}x\sin\dfrac{2}{x}$,求 k.

4. 用极限存在的准则证明:

(1) $\lim\limits_{n\to\infty}\sqrt{1+\dfrac{1}{n^2}} = 1$;

(2) $\lim\limits_{n\to\infty}n\left(\dfrac{1}{n^2+\pi}+\dfrac{1}{n^2+2\pi}+\cdots+\dfrac{1}{n^2+n\pi}\right) = 1$;

(3) 数列 $\sqrt{2}$,$\sqrt{2+\sqrt{2}}$,$\sqrt{2+\sqrt{2+\sqrt{2}}}$,$\cdots$存在极限.

5. 某公司从 2018 年以年率为 5.4% 的连续复利的模式投资 100 万元,

(1) 请绘制出从 2018 年起连续 10 年的增值情况;

(2) 请计算出要多长时间账户里的存款达到 250 万元.

1.5　无穷小与无穷大

在极限理论中,以零为极限的变量有着重要的作用,本节对此进行详细讨论.

1.5.1　无穷小量

我们常会遇到某一个极限过程($x \to x_0$ 或 $x \to \infty$)以零为极限的函数. 例如:

当 $x \to 0$ 时,$2x, x^2, \sin x, \cdots$;

当 $x \to 2$ 时,$x-2, \sin(x-2), \cdots$;

当 $x \to \infty$ 时,$\dfrac{1}{x}, \dfrac{5}{x+1}, \cdots$.

定义 1.16　在某一个极限过程中,如果 $\lim f(x) = 0$,则称这个极限过程中函数 $f(x)$ 是**无穷小量**,简称**无穷小**. 记为 $\alpha(x), \beta(x), \cdots$.

注意　无穷小量是在自变量的某一个变化过程中以零为极限的函数(变量),它不是一个很小很小的数. 只有常数 0 是一个特殊的无穷小,因为 $\lim 0 = 0$.

应用极限运算性质可以验证无穷小量具有如下定理:

定理 1.6　在同一极限过程中

①有限个无穷小量的代数和是无穷小量;

②有限个无穷小量的乘积是无穷小量;

③有界变量与无穷小量之积是无穷小量.

推论　常量与无穷小量之积仍是无穷小量.

例 1　判断下列变量在指定的过程中是否是无穷小量:

$(1) f(x) = 1 - e^{x-1}, x \to 1$;　　　　　　　　$(2) f(x) = \dfrac{1}{x} + \dfrac{1}{x^2}, x \to \infty$;

$(3) f(x) = \ln(1+x), x \to 0$;　　　　　　　　$(4) f(x) = \dfrac{x^2+x}{x^2-x+1}, x \to \infty$.

解　(1) 因为 $\lim\limits_{x \to 1}(1 - e^{x-1}) = 0$,所以当 $x \to 1$ 时,$1 - e^{x-1}$ 是无穷小量;

(2) 因为 $\lim\limits_{x \to \infty}\left(\dfrac{1}{x} + \dfrac{1}{x^2}\right) = 0$,所以当 $x \to \infty$ 时,$\dfrac{1}{x} + \dfrac{1}{x^2}$ 是无穷小量;

(3) 因为 $\lim\limits_{x \to 0}\ln(1+x) = 0$,所以当 $x \to 0$ 时,$\ln(1+x)$ 是无穷小量;

(4) 因为 $\lim\limits_{x \to \infty}\dfrac{x^2+x}{x^2-x+1} = 1 \neq 0$,所以当 $x \to \infty$ 时,$\dfrac{x^2+x}{x^2-x+1}$ 不是无穷小量.

例 2　求 $\lim\limits_{x \to 0} x \sin \dfrac{1}{x}$.

解　因为,当 $x \to 0$ 时,x 为无穷小,且 $\left| \sin \dfrac{1}{x} \right| \leq 1$,所以

$$\lim_{x \to 0}\left(x \sin \dfrac{1}{x} \right) = 0.$$

1.5.2 无穷大量

定义 1.17 在某一个极限过程中,如果 $\lim f(x) = \infty$,称这个极限过程中函数 $f(x)$ 是**无穷大量**,简称无穷大.

注意 自变量的某一个变化过程中无穷大量不是一个很大很大的数,是函数的绝对值 $|f(x)|$ 无限增大(极限不存在).

例 3 由函数图像理解 $\lim\limits_{x \to 0} \dfrac{1}{x} = \infty$.

解 由图 1.22 可知,当 $x \to 0$ 时,$\left|\dfrac{1}{x}\right|$ 的值是无限增大的,

故有 $\lim\limits_{x \to 0} \dfrac{1}{x} = \infty$,同时还可看到

$$\lim_{x \to 0^+} \frac{1}{x} = +\infty, \quad \lim_{x \to 0^-} \frac{1}{x} = -\infty.$$

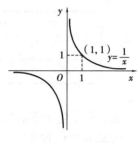

图 1.22

1.5.3 无穷小与极限及无穷大的关系

1. 无穷小量与极限的关系

由极限定义和无穷小量的定义,可以得到以下定理.

定理 1.7 函数 $f(x)$ 以 A 为极限的充分必要条件是 $f(x)$ 可以表示为常数 A 与一个无穷小量之和,即

$$\lim f(x) = A \Leftrightarrow f(x) = A + \alpha(x) \qquad (\text{其中 } \alpha(x) \text{ 是无穷小量}).$$

证明 必要性 已知 $\lim f(x) = A$,由极限运算法则知 $\lim[f(x) - A] = 0$. 记 $\alpha(x) = f(x) - A$,故 $\alpha(x)$ 是在同种变化趋势下的无穷小量,从而

$$f(x) = A + \alpha(x).$$

充分性 已知 $f(x) = A + \alpha(x)$,且 $\lim \alpha(x) = 0$,即

$$\lim \alpha(x) = \lim[f(x) - A] = 0;$$

故

$$\lim f(x) = A.$$

2. 无穷小量与无穷大量的关系

在求极限的过程中,我们常用到无穷小量与无穷大量的关系,有如下定理.

定理 1.8 设在同一极限过程中

如果 $\lim f(x) = \infty$,则 $\lim \dfrac{1}{f(x)} = 0$;如果 $\lim f(x) = 0$,则 $\lim \dfrac{1}{f(x)} = \infty$. 简单说无穷大量的倒数是无穷小量;无穷小量(不等于零)的倒数是无穷大量.

例 4 判断下列变量在指定的极限过程中是无穷小量还是无穷大量? 或都不是.

$(1) f(x) = \dfrac{1}{1 + x^2}, x \to \infty$; $\qquad\qquad (2) f(x) = \dfrac{x+1}{x^2 - 4}, x \to 2$;

$(3) f(x) = e^x, x \to \infty$.

解 (1) 因为 $\lim\limits_{x \to \infty} \dfrac{1}{1 + x^2} = 0$. 故当 $x \to \infty$ 时,$f(x) = \dfrac{1}{1 + x^2}$ 是无穷小量;

(2) 因为 $\lim\limits_{x \to 2} \dfrac{x^2 - 4}{x + 1} = \dfrac{0}{3} = 0$,所以当 $x \to 2$ 时,$f(x) = \dfrac{x+1}{x^2 - 4}$ 是无穷大量;

(3) 因为 $\lim\limits_{x \to +\infty} e^x = +\infty$,所以当 $x \to +\infty$ 时,$f(x) = e^x$ 是无穷大量;

因为 $\lim\limits_{x\to-\infty}e^x=\lim\limits_{x\to+\infty}\dfrac{1}{e^x}=0$,所以当 $x\to-\infty$ 时,$f(x)=e^x$ 是无穷小量;

故 $\lim\limits_{x\to\infty}e^x$ 不存在,即当 $x\to\infty$ 时,$f(x)=e^x$ 既不是无穷小,也不是无穷大.

1.5.4 无穷小量的比较

在同一极限过程中的无穷小量,趋于零的"快慢"往往是不一样的. 例如表1.4 中,显然 x^2 比 x 及 $2x$ 趋于零的速度要快得多.

表1.4

x	0.1	0.01	0.001	0.000 1	...
$2x$	0.2	0.02	0.002	0.000 2	...
x^2	0.01	0.000 1	0.000 001	0.000 000 01	...

无穷小量趋于零的"速度"快慢在理论上是很重要的. 下面给出**无穷小量阶**的概念.

定义 1.18 设在同一极限过程中,$\lim\alpha(x)=0$,$\lim\beta(x)=0$ 且 $\beta(x)\neq0$.

①如果 $\lim\dfrac{\alpha(x)}{\beta(x)}=0$,称 $\alpha(x)$ 是比 $\beta(x)$ **高阶无穷小**,记为 $\alpha(x)=o(\beta(x))$;

②如果 $\lim\dfrac{\alpha(x)}{\beta(x)}=c$($c\neq0$ 为常数),称 $\alpha(x)$ 与 $\beta(x)$ 是**同阶无穷小**;

③如果 $\lim\dfrac{\alpha(x)}{\beta(x)}=1$,称 $\alpha(x)$ 与 $\beta(x)$ 是**等价无穷小**,记为 $\alpha(x)\sim\beta(x)$.

因为 $\lim\limits_{x\to0}\dfrac{2x}{x}=2$,所以 $x\to0$ 时,x 与 $2x$ 是同阶的无穷小量;

因为 $\lim\limits_{x\to0}\dfrac{x^2}{5x}=0$,所以 $x\to0$ 时,x^2 是比 $5x$ 高阶的无穷小量.

在1.4 中已求得几个常用的等价无穷小关系如下:

当 $x\to0$ 时,

$\sin x\sim x$; $\qquad\qquad$ $\tan x\sim x$; $\qquad\qquad$ $e^x-1\sim x$;

$\arcsin x\sim x$; $\qquad\qquad$ $\arctan x\sim x$; $\qquad\qquad$ $\ln(1+x)\sim x$;

$1-\cos x\sim\dfrac{1}{2}x^2$; $\qquad\qquad$ $(1+x)^{\frac{1}{n}}-1\sim\dfrac{1}{n}x$.

定理 1.9 设在同一极限过程中,无穷小量 $\alpha(x)\sim\overline{\alpha}(x)$,$\beta(x)\sim\overline{\beta}(x)$,如果 $\lim\dfrac{\overline{\alpha}(x)}{\overline{\beta}(x)}$ 存在,那么

$$\lim\frac{\alpha(x)}{\beta(x)}=\lim\frac{\overline{\alpha}(x)}{\overline{\beta}(x)}.$$

证明 因为 $\alpha(x)\sim\overline{\alpha}(x)$,$\beta(x)\sim\overline{\beta}(x)$,所以 $\lim\dfrac{\alpha(x)}{\overline{\alpha}(x)}=\lim\dfrac{\beta(x)}{\overline{\beta}(x)}=1$.

则
$$\lim\frac{\alpha(x)}{\beta(x)}=\lim\frac{\alpha(x)}{\overline{\alpha}(x)}\cdot\frac{\overline{\beta}(x)}{\beta(x)}\cdot\frac{\overline{\alpha}(x)}{\overline{\beta}(x)}$$
$$=\lim\frac{\alpha(x)}{\overline{\alpha}(x)}\cdot\lim\frac{\overline{\beta}(x)}{\beta(x)}\cdot\lim\frac{\overline{\alpha}(x)}{\overline{\beta}(x)}=\lim\frac{\overline{\alpha}(x)}{\overline{\beta}(x)}.$$

定理 1.9 说明,求几个无穷小的积、商的极限时,分子或分母中的任一零因式均可用与其等价的无穷小来代换.

例 5　求 $\lim\limits_{x\to 0}\dfrac{\tan x \ln(1+x)}{\sin x^2}$.

解　因为当 $x\to 0$ 时,$\sin x^2 \sim x^2$,$\tan x \sim x$,$\ln(1+x) \sim x$.

所以
$$\lim_{x\to 0}\frac{\tan x \ln(1+x)}{\sin x^2}=\lim_{x\to 0}\frac{x\cdot x}{x^2}=1.$$

例 6　求 $\lim\limits_{x\to 0}\dfrac{\tan x-\sin x}{x^3}$.

解　因为 $\tan x-\sin x=\tan x(1-\cos x)$,而当 $x\to 0$ 时,$\tan x \sim x$,$1-\cos x \sim \dfrac{x^2}{2}$,

故
$$\lim_{x\to 0}\frac{\tan x-\sin x}{x^3}=\lim_{x\to 0}\frac{\tan x(1-\cos x)}{x^3}=\lim_{x\to 0}\frac{x\cdot\dfrac{x^2}{2}}{x^3}=\frac{1}{2}.$$

注意　在加减运算中的各项不能作等价无穷小替换,例如在上题中,以下做法则会导致错误结果.
$$\lim_{x\to 0}\frac{\tan x-\sin x}{x^3}\neq\lim_{x\to 0}\frac{x-x}{x^3}=0.$$

例 7　求 $\lim\limits_{x\to\infty}\dfrac{3x^2+5}{5x+3}\sin\dfrac{2}{x}$.

解　由于当 $x\to\infty$ 时,$\dfrac{2}{x}\to 0$,所以 $\sin\dfrac{2}{x}\sim\dfrac{2}{x}(x\to\infty)$,
$$\lim_{x\to\infty}\frac{3x^2+5}{5x+3}\sin\frac{2}{x}=\lim_{x\to\infty}\frac{6x^2+10}{5x^2+3x}=\frac{6}{5}.$$

例 8　求 $\lim\limits_{x\to\infty}\left(x^2-x^2\cos\dfrac{1}{x}\right)$.

解　这是 $\infty-\infty$ 型,提取公因子
$$\lim_{x\to\infty}\left(x^2-x^2\cos\frac{1}{x}\right)=\lim_{x\to\infty}x^2\left(1-\cos\frac{1}{x}\right)=\lim_{x\to\infty}x^2\cdot\frac{1}{2}\frac{1}{x^2}=\frac{1}{2}.$$

例 9　求 $\lim\limits_{x\to 0}\dfrac{\sin ax\cdot\ln(1-2x^2)}{(\mathrm{e}^{-2x}-1)\tan bx^2}$.

解　$\lim\limits_{x\to 0}\dfrac{\sin ax\cdot\ln(1-2x^2)}{(\mathrm{e}^{-2x}-1)\tan bx^2}=\lim\limits_{x\to 0}\dfrac{ax\cdot(-2x^2)}{(-2x)\cdot bx^2}=\dfrac{a}{b}.$

习题 1.5

1. 判断下列函数在指定的过程中哪些是无穷小? 哪些是无穷大?

$(1)\ y=\dfrac{x+1}{x},x\to 0$;

$(2)\ y=\dfrac{x-1}{x+1},x\to 1$;

$(3)\ y=\dfrac{x^2-3x+2}{x^2-x-2},x\to-1$;

$(4)\ y=x\sin\dfrac{1}{x},x\to 0$;

$(5)\ y = x^2 + \dfrac{1}{2}x, x \to 0;$

$(6)\ y = \dfrac{x+2}{x^2}, x \to \infty;$

$(7)\ y = e^x, x \to -\infty;$

$(8)\ y = \ln x, x \to 0.$

2. 当 $x \to 0$ 时,下面函数哪些是 x 的高阶无穷小? 哪些是同阶无穷小,其中哪些又是等价无穷小?

$(1)\ 3x + 2x^2;$

$(2)\ x^2 + \sin 2x;$

$(3)\ \dfrac{1}{2}x + \dfrac{1}{2}\sin x;$

$(4)\ \sin x^2.$

3. 利用等价无穷小的性质计算下列极限:

$(1)\ \lim\limits_{x \to 0} \dfrac{\tan 4x}{3x};$

$(2)\ \lim\limits_{x \to \infty} x \sin \dfrac{1}{x};$

$(3)\ \lim\limits_{x \to 1} \dfrac{\sin(x^2 - 1)}{x - 1};$

$(4)\ \lim\limits_{x \to 0} \dfrac{\tan(2x^2)}{1 - \cos x};$

$(5)\ \lim\limits_{x \to 0} \dfrac{\tan x - \sin x}{\sin^3 x};$

$(6)\ \lim\limits_{x \to 0} \dfrac{\ln(1 + x)}{\sin 3x};$

$(7)\ \lim\limits_{x \to 0} \dfrac{e^{2x} - 1}{x};$

$(8)\ \lim\limits_{n \to \infty} \dfrac{1 - \cos \dfrac{1}{n}}{\dfrac{1}{n^2}}.$

4. 当 $x \to 0$ 时,证明:

$(1)\ \arcsin \tan x \sim x;$

$(2)\ \arctan \sin x \sim \ln(1 + x).$

1.6 函数的连续性

自然界的许多现象,如气温的变化,空气和水的流动,植物的生长,物体运动的路程等都是随时间变化而连续不断地变化的. 这些现象反映在数学上,就是函数的连续性,它是函数的重要性态之一.

1.6.1 函数的连续性

在数学中,连续是函数的一种属性. 直观上来说,连续的函数就是当自变量的值变化足够小的时候,函数值的变化也会随之足够小(图 1.23). 如果自变量的某种微小变化会产生函数值的一个突然地跳跃甚至无法定义,则这个函数被称为不连续函数(图 1.24).

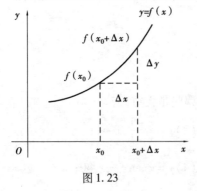

图 1.23

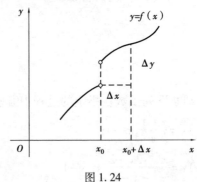

图 1.24

定义 1.19 设函数 $y = f(x)$ 在 x_0 的某个邻域内有定义,如果

$$\lim_{\Delta x \to 0} \Delta y = \lim_{\Delta x \to 0} [f(x_0 + \Delta x) - f(x_0)] = 0$$

则称函数 $y = f(x)$ 在点 x_0 处**连续**.

其中,$\Delta x = x - x_0$ 为**自变量的增量**,$\Delta y = f(x_0 + \Delta x) - f(x_0)$ 为**函数因变量的增量**.

因为 $\Delta x = x - x_0$,当 $\Delta x \to 0$ 时,$x \to x_0$,于是,函数连续性又可定义为:

定义 1.20 设函数 $y = f(x)$ 在 x_0 的某个邻域内有定义,如果

$$\lim_{x \to x_0} f(x) = f(x_0)$$

则称函数 $f(x)$ 在点 x_0 处**连续**.

如果 $\lim\limits_{x \to x_0^-} f(x) = f(x_0)$,则称函数 $f(x)$ 在 x_0 处**左连续**;

如果 $\lim\limits_{x \to x_0^+} f(x) = f(x_0)$,则称函数 $f(x)$ 在 x_0 处**右连续**.

定理 1.10 函数 $f(x)$ 在 x_0 点连续的充分必要条件是 $f(x)$ 在 x_0 点处左、右连续.

如果 $f(x)$ 在开区间 (a,b) 内每一点都连续,则称函数 $f(x)$ 在 (a,b) **内连续**;或称 $f(x)$ 是 (a,b) 内的连续函数.

如果函数 $f(x)$ 在 (a,b) 内连续,且在 $x = a$ 点处右连续,在 $x = b$ 点处左连续,则函数 $f(x)$ 在闭区间 $[a,b]$ 上连续. 在区间上连续函数的几何图形是一条连续不断的曲线.

例 1 讨论 $f(x) = |x|$ 在 $x = 0$ 处的连续性.

解 因为

$$|x| = \begin{cases} x & x > 0 \\ 0 & x = 0, \\ -x & x < 0 \end{cases}$$

有 $\quad f(0) = 0, \lim\limits_{x \to 0^-} f(x) = \lim\limits_{x \to 0^-}(-x) = 0, \lim\limits_{x \to 0^+} f(x) = \lim\limits_{x \to 0^+} x = 0,$

即 $$\lim_{x \to 0} f(x) = 0 = f(0)$$

所以 $$f(x) = |x| \text{ 在 } x = 0 \text{ 处连续}.$$

例 2 设函数

$$f(x) = \begin{cases} \dfrac{e^{2x} - 1}{\sin x}, & x > 0, \\ a, & x = 0, \\ \cos x + b, & x < 0. \end{cases}$$

在 $x = 0$ 处连续,求常数 a, b 的值.

分析 这是一个分段函数,它在 $(-\infty, 0)$ 和 $(0, +\infty)$ 内的表达式都是初等函数,并且每一点都有定义,故 $f(x)$ 在 $(-\infty, 0)$ 和 $(0, +\infty)$ 内连续,此时对 a, b 没有任何特殊的要求. 因此,可利用 $f(x)$ 在点的连续性确定 a, b 的值.

解 由于 $f(x)$ 在 $x = 0$ 点处连续,

有 $$\lim_{x \to 0^-} f(x) = \lim_{x \to 0^+} f(x) = f(0),$$

而 $$\lim_{x \to 0^+} f(x) = \lim_{x \to 0^+} \frac{e^{2x} - 1}{\sin x} = \lim_{x \to 0^+} \frac{2x}{x} = 2,$$

$$\lim_{x \to 0^-} f(x) = \lim_{x \to 0^-}(\cos x + b) = 1 + b,$$

且 $f(0) = a$,所以有 $2 = 1 + b = a$,解得 $a = 2, b = 1$.

1.6.2 函数的间断点及其分类

根据定义 1.20 可知,如果函数 $f(x)$ 在 x_0 点连续,必须同时满足三个条件:

$(1)f(x_0)$ 有定义,$(2) \lim_{x \to x_0} f(x)$ 存在,$(3) \lim_{x \to x_0} f(x) = f(x_0)$.

上述三个条件只要有一个不成立,则函数在该点必间断. 间断点有以下几种情况:

$(1)f(x)$ 在点 x_0 处无定义;

$(2)f(x)$ 在点 x_0 处有定义,但 $\lim_{x \to x_0} f(x)$ 不存在;

$(3)f(x)$ 在点 x_0 处有定义,且 $\lim_{x \to x_0} f(x)$ 存在,但 $\lim_{x \to x_0} f(x) \neq f(x_0)$.

举例说明几类常见的间断点.

例3 讨论下列函数的间断情况.

$(1)f(x) = \dfrac{1}{x-1}$ 在点 $x = 1$ 处;

$(2)f(x) = \begin{cases} e^{-x}, & x \leq 0, \\ x, & x > 0. \end{cases}$ 在点 $x = 0$ 处;

$(3)f(x) = \begin{cases} x+1, & x \neq 1, \\ 1, & x = 1. \end{cases}$ 在点 $x = 1$ 处.

解 (1)因为 $f(x) = \dfrac{1}{x-1}$ 在点 $x = 1$ 处没有定义,

故 $\qquad f(x) = \dfrac{1}{x-1}$ 在 $x = 1$ 处间断,如图 1.25 所示.

(2)虽然 $f(x)$ 在点 $x = 0$ 处有定义,

但因为 $\quad \lim_{x \to 0^-} f(x) = \lim_{x \to 0^-} e^{-x} = 1$, $\lim_{x \to 0^+} f(x) = \lim_{x \to 0^+} x = 0$,

$\lim_{x \to 0^-} f(x) \neq \lim_{x \to 0^+} f(x)$,即 $\lim_{x \to 0} f(x)$ 不存在,

故 $f(x)$ 在点 $x = 0$ 处间断,如图 1.26 所示.

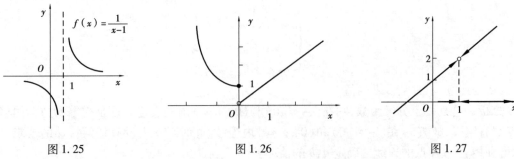

图 1.25   图 1.26   图 1.27

(3)虽然 $f(x)$ 在点 $x = 1$ 处有定义,且 $\lim_{x \to 1} f(x) = 2$,

但因为 $\qquad\qquad\qquad \lim_{x \to 1} f(x) = 2 \neq f(1)$

故 $f(x)$ 在点 $x = 1$ 处间断,如图 1.27 所示.

间断点的分类:设 x_0 是 $f(x)$ 的间断点

(1)若 $\lim_{x \to x_0^-} f(x)$、$\lim_{x \to x_0^+} f(x)$ 都存在,称 x_0 为**第一类间断点**.

当 $\lim\limits_{x\to x_0^-}f(x)\neq\lim\limits_{x\to x_0^+}f(x)$，称 x_0 是 $f(x)$ 的**跳跃间断点**，如图 1.27 所示；

当 $\lim\limits_{x\to x_0}f(x)$ 存在（即 $\lim\limits_{x\to x_0^-}f(x)=\lim\limits_{x\to x_0^+}f(x)$），称 x_0 是 $f(x)$ 的**可去间断点**，如图 1.28 所示；

（2）若 $\lim\limits_{x\to x_0^-}f(x)$、$\lim\limits_{x\to x_0^+}f(x)$ 至少有一个不存在，称 x_0 为**第二类间断点**.

当 $\lim\limits_{x\to x_0^-}f(x)=\infty$ 或 $\lim\limits_{x\to x_0^+}f(x)=\infty$，则称 x_0 是 $f(x)$ 的**无穷间断点**，如图 1.26 所示；

当 $x\to x_0$ 时，函数 $f(x)$ 的值在不同的数之间往复变动，称 x_0 是 $f(x)$ 的**振荡间断点**.

如函数 $f(x)=\begin{cases}\sin\dfrac{1}{x}, & x\neq0\\ 0, & x=0\end{cases}$ 中，$x=0$ 就是 $f(x)$ 的振荡间断点，如图 1.28 所示.

图 1.28

1.6.3　初等函数的连续性

根据函数连续的定义及极限的运算法则，得到连续函数的运算及性质.

连续函数的和、差、积、商（分母不为零）仍是连续函数；

连续函数的复合函数及反函数仍是连续函数；

一切初等函数在其定义区间内都是连续函数.

1.6.4　闭区间上连续函数的性质

下面从几何上直观地介绍闭区间上连续函数的性质.

性质 1（最值性）　设 $f(x)$ 在 $[a,b]$ 上连续，则 $f(x)$ 在 $[a,b]$ 上必存在最小值和最大值，即存在 $\xi_1\in[a,b]$、$\xi_2\in[a,b]$，使得

$$m=f(\xi_1)\leqslant f(x)\leqslant f(\xi_2)=M.$$

例如，在图 1.29 中，函数 $f(x)$ 在点 ξ_1 处取得最小值 m，在点 ξ_2 处取得最大值 M.

性质 2（有界性）　设 $f(x)$ 在 $[a,b]$ 上连续，则 $f(x)$ 在 $[a,b]$ 上有界.

性质 3（介值定理）　设 $f(x)$ 在 $[a,b]$ 上连续，介于 $f(a)$、$f(b)$ 之间的任意实数 c，则至少存在一点 $\xi(a<\xi<b)$，

使得　　　　　　　　　　　　$f(\xi)=c.$

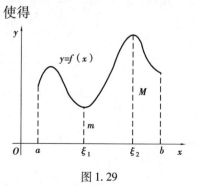

图 1.29

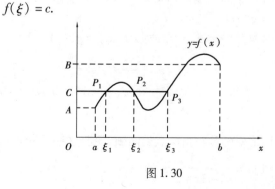

图 1.30

例如,在图 1.30 中,连续曲线 $y = f(x)$ 与直线 $y = c$ 有三个交点,其对应的横坐标分别是 ξ_1, ξ_2, ξ_3,所以有 $f(\xi_1) = f(\xi_2) = f(\xi_3) = c$.

若 $f(x)$ 在 $[a,b]$ 上的最小值 m 与最大值 M,有任意的 $m < c < M$,以上结论也成立.

推论(零点定理) 如果函数 $f(x)$ 在闭区间 $[a,b]$ 上连续,且 $f(a)$ 与 $f(b)$ 异号,则在 (a,b) 内至少存在一点 ξ,使得 $f(\xi) = 0$.

例如在图 1.31 中,因 $f(a) < 0, f(b) > 0$,连续曲线 $y = f(x)$ 必有点 ξ 与 x 轴相交,

即有 $$f(\xi) = 0.$$

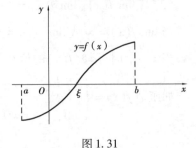

图 1.31

例 4 证明方程 $x + e^x = 0$ 在区间 $(-1,1)$ 内有唯一的根(实验:找出方程的根,精确到 10^{-6}).

证明 令 $f(x) = x + e^x$,因为 $f(x)$ 在闭区间 $[-1,1]$ 上连续.

且 $$f(-1) = -1 + e^{-1} < 0, f(1) = 1 + e > 0,$$

由零点定理,必存在 $x_0 \in (-1,1)$,使 $f(x_0) = 0$.

由于函数 x 和 e^x 在 $[-1,1]$ 上是单调增加,$f(x) = x + e^x$ 在 $[-1,1]$ 上也是单调增加.

因此,对任何 $x \neq x_0$,必有 $f(x) \neq f(x_0) = 0$,即 x_0 是方程唯一的根.

例 5(生活问题) 椅子能在不平的地面上放稳吗?

问题分析:通常椅子可以三脚着地,椅子放稳的要求就是四脚着地.

模型假设:①四条腿一样长,椅脚与地面点接触,四脚连线呈正方形;

②地面高度连续变化,视同数学上的连续曲面;

③地面相对平坦,使得地面任意一个地方都至少三脚着地.

模型的建立:根据椅子四脚为正方形的对称性,用 θ(对角线与 x 轴之间的夹角)表示椅子的位置,A, C 两脚与地面之和为 $f(\theta)$,B, D 两脚与地面的距离之和为 $g(\theta)$,由假设可知 $f(\theta)$,$g(\theta)$ 是连续函数,且对任意 $\theta, f(\theta), g(\theta)$ 至少有一个为 0. 问题转化为:

已知 $f(\theta), g(\theta)$ 是连续函数;对任意 $\theta, f(\theta)g(\theta) = 0$ 且 $g(0) = 0, f(0) > 0$. 证明:存在 θ_0,使 $f(\theta_0) = g(\theta_0) = 0$.

模型求解:将椅子旋转 $90°$,对角线 AC 和 BD 互换.

由 $g(0) = 0, f(0) > 0$,知 $f\left(\dfrac{\pi}{2}\right) = 0, g\left(\dfrac{\pi}{2}\right) > 0$.

令 $h(\theta) = f(\theta) - g(\theta)$,则 $h(0) > 0$ 和 $h\left(\dfrac{\pi}{2}\right) < 0$.

由 f, g 的连续性知 h 为连续函数,根据连续函数的基本性质,必存在 θ_0,使 $h(\theta_0) = 0$,即 $f(\theta_0) = g(\theta_0)$.

因为 $f(\theta)g(\theta) = 0$,所以 $f(\theta_0) = g(\theta_0) = 0$.

习题 1.6

1. 下列函数在指定点处间断,说明这些间断点的类型.

$(1) y = \dfrac{x^2 - 1}{x^2 - 3x + 2}, x = 1, x = 2;$

$(2) y = \dfrac{\sin x}{x}, x = 0$;

$(3) y = \begin{cases} x - 1, & x \leqslant 1 \\ 3 - x, & x > 1 \end{cases}, x = 1$;

$(4) y = \begin{cases} \dfrac{\ln(1 + x)}{x}, & x \neq 0 \\ -1, & x = 0 \end{cases}, x = 0.$

2. 设函数 $f(x) = \begin{cases} x + 1, & x \geqslant 1 \\ x^3, & x < 1 \end{cases}$ 讨论在 $x = 1$ 处的连续性.

3. 设函数 $f(x) = \begin{cases} x^2 \sin x, & x \neq 0 \\ 0, & x = 0 \end{cases}$ 讨论在 $x = 0$ 处的连续性.

4. 设 $f(x) = \begin{cases} e^x, & x < 0 \\ a + x, & x \geqslant 0 \end{cases}$, 确定实数 a 使得 $f(x)$ 在 $(-\infty, +\infty)$ 内连续.

5. 求下列极限：

$(1) \lim\limits_{x \to 2} \dfrac{e^x + 1}{x}$; $\qquad\qquad\qquad (2) \lim\limits_{\alpha \to \frac{\pi}{2}} \left(\tan \dfrac{\alpha}{2} \right)^4$;

$(3) \lim\limits_{\alpha \to \frac{\pi}{4}} \ln(\sin 2\alpha)$; $\qquad\qquad (4) \lim\limits_{\alpha \to \frac{\pi}{8}} \dfrac{\sin 4\alpha}{2\cos(\pi - 6\alpha)}.$

6. 证明方程 $x \cdot 2^x = 1$ 在 $(0, 1)$ 内有根.

7. 证明方程 $x^3 - 3x = 1$ 至少有一个根介于 1 和 2 之间.

8. 证明方程 $x = a \sin x + b (a > 0, b > 0)$ 至少有一个正根, 并且它不超过 $a + b$.

实验 1　MATLAB 软件界面介绍及基本操作

数学文化赏析

实验目的

了解 MATLAB 软件, 学会 MATLAB 软件的一些基本操作.
①熟悉 MATLAB 的命令窗口.
②掌握 MATLAB 的一些基本操作, 能够进行一般的数值计算.

实验内容

MATLAB 是美国 MathWorks 公司出品的商业数学软件, 用于算法开发、数据可视化、数据分析以及数值计算的高级技术计算语言和交互式环境, 主要包括 MATLAB 和 Simulink 两大部分. MATLAB 是 matrix&laboratory 两个词的组合, 意为矩阵工厂 (矩阵实验室), 是由美国 math-works 公司发布的主要面对科学计算、可视化以及交互式程序设计的高科技计算环境. 它将数值分析、矩阵计算、科学数据可视化以及非线性动态系统的建模和仿真等诸多强大功能集成在一个易于使用的视窗环境中, 为科学研究、工程设计以及必须进行有效数值计算的众多科学领域提供了一种全面的解决方案,并在很大程度上摆脱了传统非交互式程序设计语言(如 C、Fortran)的编辑模式,代表了当今国际科学计算软件的先进水平,用户也可以根据自己的需要建立新的库函数,提高 MATLAB 软件的使用效率.

本次实验主要介绍 MATLAB 软件的常用命令、基本操作、数值运算、逻辑运算、矩阵操作、帮助等.

本书编程基于 MATLAB 软件 2014a 版本.

一、MATLAB 软件的启动

用户成功安装 MATLAB 软件后,桌面就会出现 MATLABR2014a 图标,用鼠标双击此图标,就可进入 MATLAB 软件的界面,如实验图 1.1 所示.界面包括菜单,工具栏和常用窗口.

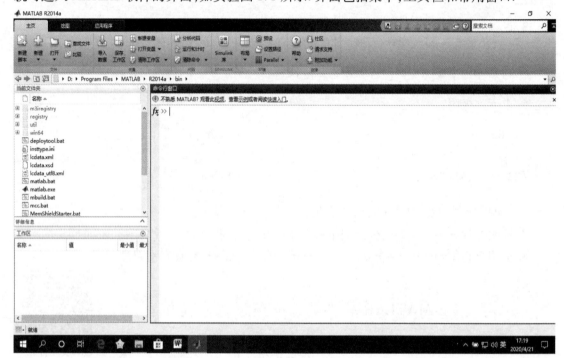

实验图 1.1

菜单项主要见实验表 1.1:

实验表 1.1

新建	新建脚本、函数、示例,图形等
打开	打开已有的 M 文件
导入数据	导入外部数据
保存工作区	将 MATLAB 软件工作内存中的所有变量存为 MAT 文件
设置路径	路径设置
预设	调用 MATLAB 软件指令窗环境设置卡
布局	软件默认界面修改

1. 常用的窗口

（1）命令窗口（Command Window）

该窗口是 MATLAB 软件操作的主窗口. 窗口中" >> "为命令提示符, 在其后面可以输入运算命令和运行程序, 按回车键即可执行, 并显示运算结果. 若所写程序不符合要求, 则会出现错误提示信息.

（2）当前文件夹（Current Directory）

该窗口列出所有文件夹（MATLAB 软件默认的当前路径）中的所有程序文件（*.m）和数据文件（*.dat）等. 用户可直接使用鼠标进行编辑及运行等操作.

可在快捷方式右键单击选择属性打开修改起始位置, 在双引号中输入需要的路径即可.

（3）工作区（Workspace）

它是 MATLAB 软件提供的一个工作环境, 可列出所有变量的名称（Name）、值（Value）、类型（Class）等, 用户可对其编辑、保存、修改等.

常用标点符号有

标点符号在 MATLAB 中的地位极其重要, 为确保指令正确执行, 标点符号一定要在英文状态下输入. 常用标点符号的功能如下：

逗号, 用作要显示计算结果的指令与其后面的指令之间的分隔; 用作输入量与输入量之间的分隔符; 用作数组元素分隔符号.

黑点. 用作数值表示中的小数点.

分号; 用作不显示计算结果指令的结尾标志; 矩阵输入用作行间分隔符号.

冒号: 用以生成一维数值数组; 用作单下标援引时, 表全部元素构成的长列; 用作多下标援引时, 表示所在维上的全部.

注释号%, 由它位于行首后的所有物理行被看作非执行的注释.

单引号' ', 字符串记述符.

圆括号( )在数组援引时用; 函数指令输入变量列表时用.

方括号[ ]输入数组时用; 续行号…由三个以上连续黑点构成. 它把其下的物理行看作该行的逻辑继续, 以构成一个较长的完整指令.

2. 常用操作指令

在 MATLAB 指令窗中, 常见的通用操作指令主要有：

clc　清除指令窗中显示内容

clear　清除 MATLAB 工作空间中保存的变量.

close all　关闭所有打开的图形窗口

cd　设置当前工作目录.

clf　清除图形窗内容.

exit　关闭/退出 MATLAB.

quit　关闭/退出 MATLAB.

type　显示指定 M 文件的内容.

disp　显示变量的内容.

what　列出当前目录或指定目录下的文件.

taylortool　打开泰勒公式工具.

funtool   打开函数工具.

键盘操作指令

↑ 命令窗口向前寻找调回已输入过的行.   ↓   命令窗口向后寻找调回已输入过的行.

← 在当前行中左移光标.   →   在当前行中右移光标.

Esc   清除当前行的全部内容.   Delete   删除光标右边的字符.

Home   使光标移到当前行的首端.   End   光标移到当前行的尾端.

Backspace   删除光标左边的字符.

二、实操举例:最简单的计算器使用法

示例1   计算表达式 $12 + \sin12 + \ln3$ 的值.

实验过程 在 MATLAB 软件命令窗口中键入下面的命令

$12 + \sin(12) + \log(3)$

回车即得结果

ans =   12.5620

ans 是英文"answer"的简写,是 MATLAB 软件定义的默认变量,用于存储当前指令运行后的结果.若要将计算结果赋值给变量 jg,则输入

$jg = 12 + \sin(12) + \log(3)$

回车后得

jg =   12.5620

示例2   简单矩阵 $A = \begin{bmatrix} 1 & 2 & 3 \\ 4 & 5 & 6 \\ 7 & 8 & 9 \end{bmatrix}$ 的输入步骤.

(1)在键盘上输入下列内容

$>> A = [1,2,3; 4,5,6; 7,8,9]$

(2)按回车键,指令被执行.命令窗口显示以下内容

A =

    1   2   3

    4   5   6

    7   8   9

示例3   数值计算和符号计算功能

求解线性方程组,在 MATLAB 命令窗口输入命令:

$A = [1,3,-1;3,-5,3;2,5,8];$

$b = [1;2;3];$

$x = inv(A) * b$

运行后得结果

x =

    0.7537

    0.1194

    0.1119

也可以通过符号计算来解此方程

syms x1 x2 x3

$[x1,x2,x3] = solve(1*x1+3*x2-x3-1,3*x1-5*x2+3*x3-2,2*x1+5*x2+8*x3-3)$

三、变量及其赋值

MATLAB 的变量可以是一组由实数或复数组成的数组. 数组中的每一个元素可用变量后面圆括号( )中的数字(也称为下标)注明,如一维数组(或称向量)中的元素用一个下标表示;二维数组可用两个以逗号分开的下标表示;可扩展到三维或高维.

1. 一维数组的创建与寻访

创建一个一维数组有多种方法,适当举例.

(1)逐个输入法:当元素个数为少数有限个时,可逐一输入

(2)固定步长生成法: 如 $x = -2:0.1:2$ (中间两冒号之间为步长,步长为 1 时可省略一个冒号,即 $x = -2:2$)

(3)行向量生成: $x = linspace(1,3,10)$ 生成表示 1 到 3 10 个数

(4)对数采样法: $x = logspace(2,5,10)$ 生成 10^2 到 10^5 为首尾的 10 个成等比数列的数

一维子数组的查找引用

示例4 一维子数组的查找引用

>>$x = [1,2,3,4,5,6,7,8,9,10,11,12]$;

$z1 = x(2)$, $z2 = x([3 5 8])$, $z3 = x(1:5)$, $y4 = x(2:end)$,

示例5 一维子数组的值的替换

>>$x = [1,2,3,4]$,$x(2) = 8$, $x([1 3]) = [3 4 5]$等

2. 二维数组的创建与寻访

二维数组从结构上看,和矩阵没有什么区别. 当二维数组带有线性变换含义时,该二维数组就是矩阵.

创建一个二维数组必须注意三个要素:一是整个输入数组必须以方括号为其首尾;二是数组同一行中各元素之间以逗号或空格分隔;三是不同行之间必须用分号或回车隔离.

在 MATLAB 环境下,也可用另一种输入方式创建复数数组.

二维子数组的查找引用与替换值.

示例6 二维子数组的查找引用

如在命令窗口输入

>>$A = [1,2,3;4,5,6;7,8,9]$

>>$A(2,3)$　　　　　　　　%输出位于第 2 行第 3 列交叉位置的元素

查找位于第二行第三列的元素

二维子数组的替换

>>$A(3,3) = 0$　　　　　　　%将位于第 3 行第 3 列的数值替换为 0

二维子数组的全行替换

>>$A(3,:) = [10,11,12]$　　%将第 3 行替换为后面得数组

二维数组提取数

>>$B = A([1,2],[2,3])$　　%取出第 1、2 行和第 2、3 列交点上元素构成新矩阵

四、部分循环语句

后面实验三具体介绍循环语句的应用

①for 语句(循环次数确定);

②while 语句(循环次数不确定);

③if 语句(条件转移).

五、m 文件(在程序编辑调试器中新建、打开、编辑和调试)

对于比较简单的问题或一次性问题,通过在指令窗中直接输入一组指令求解.但当待解决的问题所需指令较复杂,直接在指令窗中输入指令的方法就显得烦琐、累赘和笨拙.m 文件可很好地解决这个问题.

m 文件可用编辑调试器(Edit/Debugger)进行编辑调试.缺省情况下,m 文件编辑器不随MATLAB 的启动而开启,新建或打开(均有 edit 指令、菜单或工具三种操作)m 文件时均可启动 m 文件编辑器.m 文件的扩展名是"∗.m".

m 文件的指令形式和前后位置与在指令窗中输入的指令没有任何区别,MATLAB 在运行该文件时,只是简单地从该文件中一条条地读取并送到 MATLAB 中去执行,产生的变量都驻留在工作空间.

m 文件的编写:用 clear,clc 等语句清除工作空间的变量和清空命令窗口;程序必须都用半角英文字母和符号;编辑器可对程序的字体格式和段落缩进自动排版;程序路径和标识符不允许出现汉字字符;以% 开头的行后面是注释(可用汉字).

m 文件的运行:在 m 文件编辑调试器(Edit/Debugger)中执行运行命令,还有其他方式.运行 m 文件时可用"Ctrl + C"中止 m 文件的运行.

小结与练习

一、内容小结

函数是高等数学研究的主要对象,函数的自变量的某种变化过程($x \to x_0$; $x \to \infty$)中,研究函数的变化趋势而产生的极限概念是高等数学的重要概念之一.极限的理论、思想和方法除用于定义本学科中的很多重要概念如无穷小量、连续、导数、定积分等以外,在其他学科诸多领域都有着广泛应用.极限的数学定义抽象而严谨,是学习难点.借助数轴上的点或函数图形的几何意义直观理解数列的极限和函数的极限.

1. 函数

在自然科学和工程技术中,最常见的函数是初等函数.在本课程中所遇到的函数绝大多数是初等函数.初等函数是由常数与基本初等函数经过有限次的四则运算与有限次的复合运算并且能用一个解析式表示的函数.因此,作为构成初等函数的基本初等函数的作用尤其显得重要.基本函数的定义、性质以及图像等知识尤为重要.通过解决实际问题的关键是建立函数关系(目标函数)进而建立简单的数学模型.

2. 极限的概念

$$\lim f(x) = A \begin{cases} 唯一性、有界性、保号性 \\ \Leftrightarrow f(x) - A = \alpha(x) 为无穷小 \\ \Leftrightarrow 左、右极限存在并相等 \\ 单调有界准则与夹逼准则 \end{cases}$$

3. 无穷小量与无穷大量

$$\lim \alpha(x) = 0 \begin{cases} 有限个无穷小的和、差、积仍为无穷小 \\ 无穷小与有界变量的积仍为无穷小 \end{cases}$$

$$\lim f(x) = \infty \begin{cases} 绝对值无限增大的变量 \\ \dfrac{1}{f(x)} \to 0 (无穷小) \end{cases}$$

4. 两个无穷小之商——无穷小的阶

设 $\lim \alpha(x) = 0$、$\lim \beta(x) = 0$　$(\beta(x) \neq 0)$

$$\lim \frac{\alpha(x)}{\beta(x)} = \begin{cases} 0 & \alpha(x) 比 \beta(x) 高阶 \\ c(\neq 0) & \alpha(x) 与 \beta(x) 同阶 \\ 1 & \alpha(x) 与 \beta(x) 等价 \\ \infty & \alpha(x) 比 \beta(x) 低价. \end{cases}$$

无穷小量的阶——趋于零的速度快慢；

熟记 2.4 中等价无穷小量,熟练应用定理 2.9.

5. 函数的连续性

$$\lim_{\Delta x \to 0} \Delta y = \lim_{\Delta x \to 0} [f(x_0 + \Delta x) - f(x_0)] = 0, \lim_{x \to x_0} f(x) = f(x_0).$$

$$\begin{cases} 连续函数的和、差、积、商(分母 \neq 0)仍为连续函数 \\ 连续函数的复合函数仍为连续函数 \\ 单调连续函数有单调连续的反函数 \end{cases}$$

初等函数在其定义区间内处处连续.

6. 间断点

第一类间断点:

$$f(x_0^-)、f(x_0^+) 都存在 \begin{cases} 可去间断点 & f(x_0^-) = f(x_0^+) \\ 跳跃间断点 & f(x_0^-) \neq f(x_0^+) \end{cases}$$

第二类间断点:非第一类间断点

$$f(x_0^-)、f(x_0^+) 至少一个不存在 \begin{cases} 无穷间断点 \\ 震荡间断点 \end{cases}$$

7. 闭区间 $[a,b]$ 上的连续函数 $f(x)$ 的重要性质

(1) $f(x)$ 必在 $[a,b]$ 上有界;

(2) $f(x)$ 必在 $[a,b]$ 上取得最大值 M 与最小值 m;

(3) $f(x)$ 必在 $[a,b]$ 上取得介于 $f(a)$ 与 $f(b)$ 之间的任何值;

$f(x)$ 必在 $[a,b]$ 上取得最大值 M 与最小值 m 之间的任何值;

如果 $f(a) \cdot f(b) < 0$,那么 $f(x)$ 必在 $[a,b]$ 上取得零值(零点定理).

8. 计算极限的方法小结

函数极限的计算主要有两种类型,一种是确定型的,另一种是未定型的 $\dfrac{0}{0}$、$\dfrac{\infty}{\infty}$（包括其他可化为未定型的 $0 \cdot \infty$、$\infty - \infty$、1^{∞}、∞^0、0^0）.

依据极限式特点,适当作代数、三角恒等变换,灵活应用以下各种方法,可使得极限计算简便、准确.

（1）如果 $f(x)$ 在 x_0 连续,有 $\lim\limits_{x \to x_0} f(x) = f(x_0)$.

（2）极限式为 $\dfrac{0}{0}$ 型的有理分式 $\dfrac{P(x)}{Q(x)}$,即 $\lim\limits_{x \to x_0} P(x) = \lim\limits_{x \to x_0} Q(x) = 0$ 时,通过因式分解先约去使分子、分母为零的因式后再计算极限.

（3）极限式 $\dfrac{0}{0}$、$\infty - \infty$ 中如果含有根式,考虑先通分或根式有理化,使极限式变形后再计算极限.

（4）极限式 $\dfrac{0}{0}$ 中若含有三角函数,通过三角恒等变形化简或利用极限 $\lim\limits_{x \to 0} \dfrac{\sin x}{x} = 1$ 计算极限.

（5）极限式 $\dfrac{\infty}{\infty}$ 时,根据无穷小与无穷大的关系,利用 2.2 结论直接求得极限.

（6）极限式为 1^{∞} 型的幂指函数,通过变形利用极限 $\lim\limits_{x \to \infty} \left(1 + \dfrac{1}{x}\right)^x = e$ 计算极限.

（7）利用无穷小量的性质、等价无穷小替换极限式中的因式计算极限.

（8）分段函数在分段点处的极限计算需要求左、右极限来讨论.

二、教学要求

（1）复习基本初等函数的定义、性质以及图像,建立简单的数学模型;

（2）通过几何意义直观理解极限概念,了解极限的性质;知道左、右极限概念,极限存在的充分必要条件;

（3）知道极限的存在准则（三明治定理和单调有界准则）;会利用两个重要极限计算极限;

（4）熟练掌握极限的各种运算法则,灵活应用计算极限的各种方法;

（5）理解无穷小量与无穷大量的概念,了解它们的性质与关系;了解极限与无穷小量的关系;

（6）掌握无穷小量的比较;会应用等价无穷小代换方法计算极限;

（7）理解函数连续性的概念;掌握连续函数的运算性质;了解函数的间断点;

（8）掌握基本初等函数、初等函数的连续性;知道闭区间上连续函数的性质、零点定理的简单应用.

本章的重点:极限概念与极限运算;连续概念与初等函数的连续性.

本章的难点:极限概念.

三、本章练习题

（一）选择题

1. 函数 $f(x) = \sqrt{x-2} + \dfrac{1}{x-3} + \lg(5-x)$ 的定义域是（　　　　）.

A. $[2,3) \cup (3,5)$ B. $[2,3) \cup [3,5)$ C. $[2,3) \cup (3,5]$ D. $[2,3] \cup [3,5]$

2. 如果函数 $f(x)$ 的定义域为 $[1,2]$,则函数 $f(x) + f(x^2)$ 的定义域为( ).

    A. $[1,2]$ B. $[1, \sqrt{2}]$

    C. $[-\sqrt{2}, \sqrt{2}]$ D. $[-\sqrt{2}, -1] \cup [1, \sqrt{2}]$

3. 下列函数中为奇函数的是( ).

    A. $x^2 - x$ B. $\ln \dfrac{x+5}{x-5}$ C. $e^x + e^{-x}$ D. $x \sin x$

4. 设 $f(x)$ 是以 T 为周期的函数,则函数 $f(x) + f(2x) + f(3x) + f(4x)$ 的周期是( ).

    A. T B. $2T$ C. $12T$ D. $\dfrac{T}{12}$

5. 函数 $y = \ln(3x - 1)$ 在区间内有界的区间是( ).

    A. $(1, +\infty)$ B. $\left(\dfrac{1}{3}, 1\right)$ C. $\left(\dfrac{1}{3}, +\infty\right)$ D. $(1, 3)$

6. 下列各对函数中,互为反函数的是( ).

    A. $y = \sin x, y = \cos x$ B. $y = e^x, y = e^{-x}$

    C. $y = \tan x, y = \cot x$ D. $y = 2x, y = \dfrac{x}{2}$

7. 设 $\alpha(x) = \sin x^2, \beta(x) = 2x^2$ 则当 $x \to 0$ 时( ).

    A. $\alpha(x)$ 与 $\beta(x)$ 是同阶但不等价的无穷小   B. $\alpha(x)$ 与 $\beta(x)$ 是等价的无穷小

    C. $\alpha(x)$ 是 $\beta(x)$ 的高阶的无穷小   D. $\beta(x)$ 是 $\alpha(x)$ 的高阶的无穷小

8. 当 $x \to 0$ 时,下列变量中( )与 x 为等价无穷小量.

    A. $\sin x^2$ B. $\ln(1 + 2x)$ C. $e^{3x} - 1$ D. $\sin \sin x$

9. $f(x) = \begin{cases} x + 1, & x > 0 \\ \dfrac{\sin x}{x}, & x < 0 \end{cases}$,则 $x = 0$ 是 $f(x)$ 的( ).

    A. 连续点   B. 可去间断点   C. 跳跃间断点   D. 无穷间断点

10. $y = \sin \dfrac{1}{x}$( ).

    A. 当 $x \to 0$ 时为无穷小量   B. 当 $x \to 0$ 时为无穷大量

    C. 在区间 $(0, 1)$ 内为无界变量   D. 在区间 $(0, 1)$ 内为有界变量

11. $\lim\limits_{x \to 0} \dfrac{\sqrt{1+x} - \sqrt{1-x}}{x} = ($).

    A. 0 B. ∞ C. 1 D. -1

12. 下列极限存在的是( ).

    A. $\lim\limits_{x \to \infty} \dfrac{x(x+1)}{x^2}$ B. $\lim\limits_{x \to 0} \dfrac{1}{2x-1}$ C. $\lim\limits_{x \to 0} e^{\frac{1}{x}}$ D. $\lim\limits_{x \to +\infty} \sqrt{\dfrac{x^2+1}{x}}$

13. 下面结论正确的是( ).

    A. $\lim\limits_{x \to \infty} \left(1 - \dfrac{1}{x}\right)^x = e$ B. $\lim\limits_{x \to \infty} \left(1 + \dfrac{1}{x}\right)^{-x} = e$

C. $\lim\limits_{x\to\infty}\left(1-\dfrac{1}{x}\right)^{1-x}=\mathrm{e}$ D. $\lim\limits_{x\to\infty}\left(1+\dfrac{1}{x}\right)^{2x}=\mathrm{e}$

14. 函数 $f(x)$ 在 x_0 点具有极限是 $f(x)$ 在 x_0 点连续的(   ).
   A. 必要条件   B. 充分条件
   C. 充分必要条件   D. 既不是必要条件,也不是充分条件

15. 设 $f(x)$ 在 x_0 处连续,且 $\lim\limits_{x\to x_0}f(x)=1$,则(   ).
   A. $f(x_0)$ 可能不存在   B. $f(x_0)>1$ C. $f(x_0)<1$ D. $f(x_0)=1$

16. 下列命题中正确的选项是(   ).
   A. 若 $f(x)$ 在 $[a,b]$ 中有界,则 $f(x)$ 在 $[a,b]$ 上连续
   B. 若 $f(x)$ 在 $[a,b]$ 上有最大值、最小值,则 $f(x)$ 在 $[a,b]$ 上连续
   C. 若 $f(x)$ 在 $[a,b]$ 上无界,则 $f(x)$ 在 $[a,b]$ 上不连续
   D. 若 $f(x)$ 在 (a,b) 内连续,则 $f(x)$ 在 (a,b) 内有最大值、最小值

(二)填空题

1. 已知 $f(x+1)=x(x-1)$,则 $f(x-2)=$ _____.

2. 函数 $f(x)$ 为奇函数,当 $x\geqslant0$ 时,$f(x)=2^x+x+1$,那么当 $x<0$ 时,$f(x)=$ _____.

3. $\lim\limits_{x\to0}\dfrac{\sin 2x}{x^2+3x}=$ _____.

4. $\lim\limits_{x\to0}\dfrac{\arctan 2x}{x}=$ _____.

5. 如果 $\lim\limits_{x\to2}\dfrac{x^2-3x+a}{x-2}=1$,则 $a=$ _____.

6. 设 $f(x)=\begin{cases}\mathrm{e}^x+1, & x<0 \\ a+\dfrac{\sin x}{x}, & x\geqslant0\end{cases}$,如果 $f(x)$ 在 $x=0$ 处连续,则 $a=$ _____.

7. $\lim\limits_{x\to+\infty}\left(1-\dfrac{1}{x}\right)^{x+1}=$ _____.

8. 如果 $f(x)$ 在点 x_0 处连续,$g(x)$ 在点 x_0 不连续,则 $f(x)+g(x)$ 在点 x_0 处 _____.

9. 如果 $\lim\limits_{x\to1}\dfrac{x^3+2x-a}{x-1}=b$,则 $a=$ _____,$b=$ _____.

10. 函数 $f(x)=\dfrac{x}{|x|}$ 在 $x=0$ 处为 _____ 间断点.

11. 设函数 $f(x)$ 在 x_0 点连续的 _____ 条件是 $f(x)$ 在 x_0 点既左连续又右连续.

(三)计算题

1. 求 $\lim\limits_{x\to2}(3x^2-5x+2)$.   2. 求 $\lim\limits_{x\to0}\dfrac{\sin ax}{x}$($a\neq0$ 的常数).

3. 求 $\lim\limits_{x\to0}\dfrac{\mathrm{e}^x-\cos x}{x}$.   4. 求 $\lim\limits_{x\to0}\dfrac{\mathrm{e}^x-1}{\sin 3x}$.

5. 求 $\lim\limits_{n\to\infty}\dfrac{n^2}{1+2+3+\cdots+n}$.   6. 求 $\lim\limits_{x\to0}\dfrac{\ln(1+x)-\ln(1-x)}{x}$.

7. 求 $\lim\limits_{x\to\infty}\left(\dfrac{2x+3}{2x+1}\right)^{x+1}$.   8. $\lim\limits_{x\to+\infty}x(\sqrt{x^2+1}-x)$.

9. 设 $f(x) = \begin{cases} x, & x < 1 \\ a, & x \geqslant 1 \end{cases}$，$g(x) = \begin{cases} b, & x < 0 \\ x + 2, & x \geqslant 0 \end{cases}$，$F(x) = f(x) + g(x)$. 问 a, b 为何值时，$F(x)$ 在 $(-\infty, +\infty)$ 内连续.

10. 设 $f(x) = \sqrt{x}$，求 $\lim\limits_{h \to 0} \dfrac{f(x+h) - f(x)}{h}$.

（四）证明题

1. 证明 $\arctan x \sim \ln(1+x)$.

2. 证明方程 $x + e^x = 0$ 在 $(-1, 1)$ 至少存在一个实根.

3. 设 $f(x)$ 在闭区间 $[1,2]$ 上连续，并且 $1 < f(x) < 2$，证明至少存在一点 $x_0 \in (1,2)$，使得 $f(x_0) = x_0$.（提示：对函数 $F(x) = f(x) - x$ 在 $[1,2]$ 上应用介值定理）

4. 设 $f(x)$ 在 (a,b) 内连续，且 $a < x_1 < x_2 < \cdots < x_n < b$，则 $[x_1, x_2]$ 上必有点 ξ，使得

$$f(\xi) = \frac{f(x_1) + f(x_2) + \cdots + f(x_n)}{n}.$$

$$\left(\text{提示}: m \leqslant \frac{f(x_1) + f(x_2) + \cdots + f(x_n)}{n} \leqslant M \right)$$

参考答案

第**2**章
导数与微分

函数是高等数学所要研究的对象,而导数是研究函数的有力工具,因此导数是微积分的核心概念之一. 它是研究函数增减、变化快慢、最大(小)值等问题最一般、最有效的工具. 本章将利用丰富的背景与大量实例,学习导数的基本概念与思想方法;通过应用导数研究函数性质、解决生活中的最优化问题等实践活动,初步感受导数在解决数学问题与实际问题中的作用,最后介绍了 MATLAB 中基本作图方法.

2.1 导数的概念及高阶导数

引例 1 平面曲线的切线斜率.

设曲线方程为 $y = f(x)$,它经过定点 $M(x_0, y_0)$ 和一动点 $N(x_0 + \Delta x, y_0 + \Delta y)$,作割线 MN,如图 2.1 所示. 设割线 MN 与 x 轴的夹角为 φ,则割线的斜率为:

$$\tan \varphi = \frac{\Delta y}{\Delta x} = \frac{f(x_0 + \Delta x) - f(x_0)}{\Delta x}.$$

当 $\Delta x \to 0$ 时,动点 N 沿曲线 $y = f(x)$ 趋于定点 M, 称割线 MN 的极限位置,即直线 MT,为此曲线在定点 M 处的切线. 显然,此时倾角 φ 趋向于切线 MT 的倾角 α,即切线 MT 的斜率为:

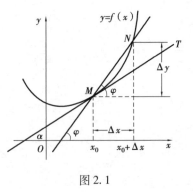

图 2.1

$$\tan \alpha = \lim_{\Delta x \to 0} \tan \varphi = \lim_{\Delta x \to 0} \frac{\Delta y}{\Delta x} = \lim_{\Delta x \to 0} \frac{f(x_0 + \Delta x) - f(x_0)}{\Delta x}.$$

2.1.1 导数

由引例和上一章第二节中质点的瞬时速度均为因变量增量与自变量增量比值在因变量增量趋向于 0 的极限,我们把这种极限称为变化率,即函数的导数.

1. 导数的定义

定义 2.1 设函数 $y = f(x)$ 在点 x_0 的某个邻域内有定义,当自变量在点 x_0 处取得增量

$\Delta x (\neq 0)$ 时,函数 $y = f(x)$ 取得相应的增量 $\Delta y = f(x_0 + \Delta x) - f(x_0)$,如果当 $\Delta x \to 0$ 时,若极限

$$\lim_{\Delta x \to 0} \frac{\Delta y}{\Delta x} = \lim_{\Delta x \to 0} \frac{f(x_0 + \Delta x) - f(x_0)}{\Delta x}$$

存在,则称 $f(x)$ 在 x_0 处可导,极限值为函数 $f(x)$ 在点 x_0 处的导数. 记作

$$f'(x_0) ; \quad y'|_{x = x_0} ; \quad \frac{\mathrm{d}y}{\mathrm{d}x}\bigg|_{x = x_0} ; \quad \frac{\mathrm{d}}{\mathrm{d}x} f(x)\bigg|_{x = x_0}$$

若极限不存在时,称 $y = f(x)$ 在 $x = x_0$ 点不可导.

利用导数的定义求导数,通常分三步:

(1) 求 $\Delta y = f(x_0 + \Delta x) - f(x_0)$;(2) 求 $\frac{\Delta y}{\Delta x}$;(3) 求 $\lim_{\Delta x \to 0} \frac{\Delta y}{\Delta x}$.

例 1 根据导数定义求 $y = x^2$ 在 $x = 2$ 处导数.

解 因为 $\Delta y = (2 + \Delta x)^2 - 2^2 = 4\Delta x + \Delta x^2$

$$\frac{\Delta y}{\Delta x} = 4 + \Delta x$$

$$\lim_{\Delta x \to 0} \frac{\Delta y}{\Delta x} = \lim_{\Delta x \to 0} (4 + \Delta x) = 4$$

所以 $f'(2) = 4$ 或 $\frac{\mathrm{d}y}{\mathrm{d}x}\bigg|_{x = 2} = 4$.

例 2 求自由落体运动 $s = \frac{1}{2}gt^2$ 在时刻 t_0 的瞬时速度 $v(t_0)$.

解 因为 $\Delta s = \frac{1}{2}g(t_0 + \Delta t)^2 - \frac{1}{2}gt_0^2 = gt_0\Delta t + \frac{1}{2}g(\Delta t)^2$

$$\frac{\Delta s}{\Delta t} = \frac{gt_0\Delta t + \frac{1}{2}g(\Delta t)^2}{\Delta t} = gt_0 + \frac{1}{2}g\Delta t$$

$$\lim_{\Delta t \to 0} \frac{\Delta s}{\Delta t} = \lim_{\Delta t \to 0} \left(gt_0 + \frac{1}{2}g\Delta t\right) = gt_0.$$

所以自由落体在 t_0 时刻的瞬时速度为 $v(t_0) = s'(t_0) = gt_0$.

如果函数 $y = f(x)$ 在区间 (a, b) 任一点 x 处可导,则称函数 $y = f(x)$ 在区间 (a, b) 内可导. 这时,对于每一个 $x \in (a, b)$,都有对应的导数值 $f'(x)$,称 $f'(x)$ 为**导函数**.

记为

$$f'(x), y', \frac{\mathrm{d}y}{\mathrm{d}x} \text{ 或 } \frac{\mathrm{d}f(x)}{\mathrm{d}x}.$$

例 3 求 $y = \sqrt{x}$ 的导函数.

解 $\Delta y = \sqrt{x + \Delta x} - \sqrt{x} = \frac{\Delta x}{\sqrt{x + \Delta x} + \sqrt{x}}$

$$\frac{\Delta y}{\Delta x} = \frac{1}{\sqrt{x + \Delta x} + \sqrt{x}}$$

$$\lim_{\Delta x \to 0} \frac{\Delta y}{\Delta x} = \lim_{\Delta x \to 0} \frac{1}{\sqrt{x + \Delta x} + \sqrt{x}} = \frac{1}{2\sqrt{x}}$$

故

$$y' = (\sqrt{x})' = \frac{1}{2\sqrt{x}}.$$

例 4 求 $y = \sin x$ 的导函数.

解 $\Delta y = \sin(x + \Delta x) - \sin x = 2\cos\left(x + \dfrac{\Delta x}{2}\right) \cdot \sin\dfrac{\Delta x}{2}$

$$\frac{\Delta y}{\Delta x} = \frac{2\cos\left(x + \dfrac{\Delta x}{2}\right) \cdot \sin\dfrac{\Delta x}{2}}{\Delta x}$$

$$\lim_{\Delta x \to 0}\frac{\Delta y}{\Delta x} = \lim_{\Delta x \to 0}\cos\left(x + \frac{\Delta x}{2}\right) \cdot \frac{\sin\dfrac{\Delta x}{2}}{\dfrac{\Delta x}{2}} = \cos x$$

故 $$y' = (\sin x)' = \cos x.$$

同理可得 $$(\cos x)' = -\sin x, (e^x)' = e^x, (\ln x)' = \frac{1}{x}.$$

在导数的定义式中,令 $x = x_0 + \Delta x$,当 $\Delta x \to 0$,有 $x \to x_0$,则导数的定义式可写成:

$$f'(x_0) = \lim_{x \to x_0}\frac{f(x) - f(x_0)}{x - x_0}.$$

导数的常见形式还有: $$f'(x_0) = \lim_{h \to 0}\frac{f(x_0 + h) - f(x_0)}{h}.$$

例 5 已知 $f'(a) = 1$,求极限 $\lim\limits_{h \to 0}\dfrac{f(a + 2h) - f(a)}{h}$.

解 $\lim\limits_{h \to 0}\dfrac{f(a + 2h) - f(a)}{h} = 2\lim\limits_{h \to 0}\dfrac{f(a + 2h) - f(a)}{2h}$

$$= 2f'(a) = 2 \times 1 = 2.$$

2. 导数的几何意义

由引例 1 可知,若函数 $y = f(x)$ 在点 x 处可导,则导数 $f'(x)$ 就是曲线 $f(x)$ 在点 $M(x,y)$ 处的切线的斜率,由此可知,曲线 $y = f(x)$ 上点 (x_0, y_0) 处的切线和法线方程分别为

$$y - y_0 = f'(x_0)(x - x_0) \text{ 和 } y - y_0 = -\frac{1}{f'(x_0)}(x - x_0)(f'(x_0) \neq 0).$$

例 6 求 $y = x^2$ 在 $x = 2$ 处的切线方程及法线方程.

解 由例 2 知 $y'|_{x=2} = 4$

故所求的切线方程为:$y - 4 = 4(x - 2)$,即 $4x - y - 4 = 0$,

法线方程为:$y - 4 = -\dfrac{1}{4}(x - 2)$,即 $x + 4y - 14 = 0$.

3. 左、右导数

定义 2.2 设函数 $y = f(x)$ 在点 x 的某邻域内有定义,

如果 $\lim\limits_{\Delta x \to 0^-}\dfrac{f(x + \Delta x) - f(x)}{\Delta x}$ 存在,则称之为 $f(x)$ 在点 x 处的**左导数**,记为 $f'_-(x)$;

如果 $\lim\limits_{\Delta x \to 0^+}\dfrac{f(x + \Delta x) - f(x)}{\Delta x}$ 存在,则称之为 $f(x)$ 在点 x 处的**右导数**,记为 $f'_+(x)$.

即 $$f_-(x) = \lim_{\Delta x \to 0^-}\frac{f(x + \Delta x) - f(x)}{\Delta x}, f_+(x) = \lim_{\Delta x \to 0^+}\frac{f(x + \Delta x) - f(x)}{\Delta x}.$$

定理 2.1 $f(x)$ 在点 x 处可导的充要条件是 $f(x)$ 在点 x 的左右导数存在且相等.

即 $\qquad f'(x) = f'_{-}(x) = f'_{+}(x)$. (证明略)

例 7　已知 $f(x) = \begin{cases} x^2 & x \geqslant 0 \\ -x & x < 0 \end{cases}$，求 $f'_{+}(0)$ 及 $f'_{-}(0)$，并判断 $f(x)$ 在 $x=0$ 处是否可导.

解　$f'_{+}(0) = \lim\limits_{\Delta x \to 0^+} \dfrac{\Delta y}{\Delta x} = \lim\limits_{\Delta x \to 0^+} \dfrac{(0 + \Delta x)^2 - 0}{\Delta x} = \lim\limits_{\Delta x \to 0^+} \Delta x = 0$

$f'_{-}(0) = \lim\limits_{\Delta x \to 0^-} \dfrac{\Delta y}{\Delta x} = \lim\limits_{\Delta x \to 0^-} \dfrac{-(0 + \Delta x) - 0}{\Delta x} = \lim\limits_{\Delta x \to 0^-} \dfrac{-\Delta x}{\Delta x} = -1$

因为 $\qquad\qquad\qquad\qquad f'_{+}(0) \neq f'_{-}(0)$

由定理 2.1 可知，$f(x)$ 在 $x=0$ 处不可导.

4. 高阶导数

如果物体的运动方程为 $s = s(t)$，则物体在 t 时刻的瞬时速度为 s 对 t 的导数，即 $v = s' = s'(t)$. 速度 $v = s'(t)$ 也是时间 t 的函数，它对时间 t 的导数称为物体在 t 时刻的瞬时加速度 a，$a = v' = (s')'$，记为 s''，称为 s 对 t 的二阶导数.

例如，自由落体的运动方程为 $s = \dfrac{1}{2}gt^2$，瞬时速度 $v = s' = \left(\dfrac{1}{2}gt^2\right)' = gt$，瞬时加速度 $a = s'' = (gt)' = g$

一般地，如果函数 $y = f(x)$ 的导数 $f'(x)$ 在点 x 处可导，则称 $f'(x)$ 在点 x 处的导数为函数 $f(x)$ 在点 x 处的二阶导数，记作 $f''(x)$，y''，或者 $\dfrac{\mathrm{d}^2 y}{\mathrm{d}x^2}$.

类似地，二阶导数 $y'' = f''(x)$ 的导数就称作函数 $y = f(x)$ 的三阶导数，记作 $f'''(x)$，y'''，或者 $\dfrac{\mathrm{d}^3 y}{\mathrm{d}x^3}$.

一般地，我们定义 $y = f(x)$ 的 $(n-1)$ 阶导数的导数为 $y = f(x)$ 的 n 阶导数，记作 $f^{(n)}(x)$，$y^{(n)}$，或者 $\dfrac{\mathrm{d}^n y}{\mathrm{d}x^n}$. 由此可见，高阶导数的求导实际就是逐阶求导.

二阶和二阶以上的导数统称为高阶导数. 函数 $f(x)$ 的各阶导数在点 $x = x_0$ 处的数值记为
$$f'(x_0), f''(x_0), \cdots, f^{(n)}(x_0) \text{ 或} y'|_{x=x_0}, y''|_{x=x_0}, \cdots, y^{(n)}|_{x=x_0}.$$

例 8　求 $y = x^n$ 的 n 阶导数.

解　$y' = (x^n)' = nx^{n-1}$

$y'' = (nx^{n-1})' = n(n-1)x^{n-2}$

$y''' = [n(n-1)x^{n-2}]' = n(n-1)(n-2)x^{n-3}$

…

$y^{(n)} = n!.$

例 9　求 $y = \sin x$ 的 n 阶导数.

解　$y' = (\sin x)' = \cos x = \sin\left(x + \dfrac{\pi}{2}\right)$

$y'' = \left[\sin\left(x + \dfrac{\pi}{2}\right)\right]' = \cos\left(x + \dfrac{\pi}{2}\right) = \sin\left(x + 2 \cdot \dfrac{\pi}{2}\right)$

$y''' = \left[\sin\left(x + 2 \cdot \dfrac{\pi}{2}\right)\right]' = \cos\left(x + 2 \cdot \dfrac{\pi}{2}\right) = \sin\left(x + 3 \cdot \dfrac{\pi}{2}\right)$

......

一般有 $y^{(n)} = (\sin x)^{(n)} = \sin\left(x + n \cdot \dfrac{\pi}{2}\right)$

同理可得

$$(\cos x)^{(n)} = \cos\left(x + n \cdot \dfrac{\pi}{2}\right).$$

例 10   求 $y = x\mathrm{e}^x$ 的 3 阶导数.

解
$$y' = (x\mathrm{e}^x)' = (x+1)\mathrm{e}^x$$
$$y'' = (y')' = (x+2)\mathrm{e}^x$$
$$y''' = (y'')' = (x+3)\mathrm{e}^x.$$

2.1.2　函数可导与连续的关系

定理 2.2　若函数 $f(x)$ 在点 x 处可导,则 $f(x)$ 在点 x 处必连续.

证明　因为函数 $f(x)$ 在点 x 处可导

所以有
$$\lim_{\Delta x \to 0}\frac{\Delta y}{\Delta x} = f'(x),$$

而
$$\Delta y = \frac{\Delta y}{\Delta x}\Delta x,$$

有
$$\lim_{\Delta x \to 0}\Delta y = \lim_{\Delta x \to 0}\frac{\Delta y}{\Delta x}\Delta x = \lim_{\Delta x \to 0}\frac{\Delta y}{\Delta x}\lim_{\Delta x \to 0}\Delta x = f'(x) \cdot 0 = 0.$$

故函数 $y = f(x)$ 在点 x 处连续.

反之,若函数 $y = f(x)$ 在点 x 处连续,则函数 $f(x)$ 不一定在点 x 处可导.

例 11   讨论函数 $y = |x| = \begin{cases} x & x \geq 0 \\ -x & x < 0 \end{cases}$ 在 $x = 0$ 的连续性及可导性.

解　由 1.6 节例 1 讨论知 $y = |x|$ 在 $x = 0$ 处连续.

因为
$$\Delta y = |0 + \Delta x| - |0| = |\Delta x|$$

而
$$\lim_{\Delta x \to 0^+}\frac{\Delta y}{\Delta x} = \lim_{\Delta x \to 0^+}\frac{|\Delta x|}{\Delta x} = \lim_{\Delta x \to 0^+}\frac{\Delta x}{\Delta x} = 1 = f'_+(0)$$

$$\lim_{\Delta x \to 0^-}\frac{\Delta y}{\Delta x} = \lim_{\Delta x \to 0^-}\frac{|\Delta x|}{\Delta x} = \lim_{\Delta x \to 0^-}\frac{-\Delta x}{\Delta x} = -1 = f'_-(0).$$

即
$$f'_+(0) \neq f'_-(0)$$

所以 $f(x)$ 在 $x = 0$ 处连续,但导数不存在.

由以上讨论可知,函数在一点连续是函数在该点可导的必要条件,但不是充分条件.

例 12   求常数 a, b 使得 $f(x) = \begin{cases} \mathrm{e}^x & x \geq 0 \\ ax + b & x < 0 \end{cases}$ 在 $x = 0$ 点可导.

解　若 $f(x)$ 在 $x = 0$ 处可导,则其在该点必连续,

有
$$\lim_{x \to 0^+}f(x) = \lim_{x \to 0^-}f(x) = f(0)$$

即
$$\mathrm{e}^0 = a \cdot 0 + b$$

得
$$b = 1$$

又 $f(x)$ 在 $x = 0$ 处可导,必有左、右导数存在且相等.

而 $\qquad f'_-(0) = \lim\limits_{x \to 0^-} \dfrac{(ax+b) - \mathrm{e}^0}{x - 0} = a \qquad f'_+(0) = \lim\limits_{x \to 0^+} \dfrac{\mathrm{e}^x - \mathrm{e}^0}{x - 0} = \mathrm{e}^0 = 1$

要使 $f'_-(0) = f'_+(0)$，只需 $a = 1$，所以当常数 $a = b = 1$ 时，$f(x)$ 在 $x = 0$ 点可导.

习题 2.1

1. 已知物体的运动规律为 $s = t + t^2(m)$，求：

(1) 物体在 1 s 到 2 s 这一时段的平均速度；

(2) 物体在 2 s 时的瞬时速度.

2. 设 $f(x) = 3x^2$，试按定义求 $f'(0)$，$f'(-1)$.

3. 设下列各题中 $f'(x_0)$ 存在，按照导数的定义观察下列极限，指出 A 分别表示什么：

$(1) \lim\limits_{\Delta x \to 0} \dfrac{f(x_0 - \Delta x) - f(x_0)}{\Delta x} = A$；

$(2) \lim\limits_{x \to 0} \dfrac{f(x)}{x} = A$，其中 $f(0) = 0$，且 $f'(0)$ 存在；

$(3) \lim\limits_{h \to 0} \dfrac{f(x_0 + h) - f(x_0 - h)}{h} = A$.

4. 求曲线 $y = \cos x$ 在点 $\left(\dfrac{\pi}{6}, \dfrac{\sqrt{3}}{2}\right)$ 处的切线方程和法线方程.

5. 设函数 $f(x) = \begin{cases} x \sin \dfrac{1}{x} & x \neq 0 \\ 0 & x = 0 \end{cases}$，讨论 $f(x)$ 在 $x = 0$ 处的连续性与可导性.

6. 设函数 $f(x) = \begin{cases} x^2 & x \leqslant 1 \\ ax + b & x > 1 \end{cases}$，为了使函数 $f(x)$ 在点 $x = 1$ 处连续且可导，则 a、b 应取什么值？

7. 求下列函数的二阶导数.

$(1) y = \dfrac{1}{x}$；
$\qquad\qquad\qquad\qquad$
$(2) y = x^2 + \mathrm{e}^x - \ln x$；

$(3) y = \mathrm{e}^x \sin x$；
$\qquad\qquad\qquad\qquad$
$(4) y = \dfrac{\sin x}{x}$.

2.2　导数的运算法则

利用导数定义求解函数的导数相对比较复杂，为了简便求导运算，本节讨论求导法则和基本初等函数的求导公式.

2.2.1　导数的四则运算法则

设函数 $y = y(x)$，$u = u(x)$，$v = v(x)$ 均是可导函数.

法则 1	$(u \pm v)' = u' \pm v'$
法则 2	$(u \cdot v)' = u' \cdot v + u \cdot v'$
法则 3	$\left(\dfrac{u}{v}\right)' = \dfrac{u'v - uv'}{v^2}$,其中 $v \neq 0$

上述法则的证明类似,只需用导数的定义即可证明,这里仅给出法则 3 的证明,另外两个法则的证明这里不再赘述.

证明 当 x 有增量 Δx 时,y 有增量 $\Delta y = y(x + \Delta x) - y(x)$,

即有
$$y(x + \Delta x) = y + \Delta y,$$

同理有
$$u(x + \Delta x) = u + \Delta u, \quad v(x + \Delta x) = v + \Delta v;$$

设
$$y = \frac{u(x)}{v(x)}, v(x) \neq 0$$

$$\Delta y = \frac{u(x + \Delta x)}{v(x + \Delta x)} - \frac{u(x)}{v(x)} = \frac{(u + \Delta u)v - u(v + \Delta v)}{(v + \Delta v)v} = \frac{v\Delta u - u\Delta v}{(v + \Delta v)v}$$

因为 $\Delta x \to 0$ 时,有 $\Delta u \to 0, \Delta v \to 0$,

$$\lim_{\Delta x \to 0} \frac{\Delta y}{\Delta x} = \lim_{\Delta x \to 0} \frac{\dfrac{\Delta u}{\Delta x}v - u\dfrac{\Delta v}{\Delta x}}{(v + \Delta v)v(x)} = \frac{u'v - uv'}{v^2}$$

即
$$\left(\frac{u}{v}\right)' = \frac{u'v - uv'}{v^2}.$$

推论 1 设函数 $u_1 = u_1(x), u_2 = u_2(x), \cdots, u_n = u_n(x)$ 均为可导函数,则

(1) $(u_1 \pm u_2 \pm \cdots \pm u_n)' = u_1' \pm u_2' \pm \cdots \pm u_n'$;

(2) $(ku)' = ku'$,(k 为常数);

(3) $(u_1 u_2 \cdots u_n)' = u_1' u_2 \cdots u_n + u_1 u_2' \cdots u_n + \cdots + u_1 u_2 \cdots u_n'$.

例 1 求 $y = 3x^2 + e^x$ 的导数.

解 $y' = (3x^2 + e^x)' = 3(x^2)' + (e^x)' = 6x + e^x$.

例 2 求 $y = e^x \sin x$ 的导数.

解 $y' = (e^x \sin x)' = (e^x)' \sin x + e^x (\sin x)'$
$$= e^x \sin x + e^x \cos x.$$

例 3 求 $y = \tan x$ 的导数.

解 $y' = (\tan x)' = \left(\dfrac{\sin x}{\cos x}\right)' = \dfrac{(\sin x)' \cos x - (\cos x)' \sin x}{\cos^2 x}$

$$= \frac{\cos^2 x + \sin^2 x}{\cos^2 x} = \frac{1}{\cos^2 x} = \sec^2 x.$$

2.2.2 导数的基本公式

由于高中已经初步介绍了基本初等函数的导数公式,导数的四则运算法则以及复合函数的求导法则. 其证明过程这里不再赘述(证明详见附录),这些是进行导数运算的基础,必须熟练掌握. 为了便于记忆和运用,将基本初等函数的求导公式归纳如下:

(1)$(C)' = 0(C$ 为常数$)$;

(2)$(x^{\mu})' = \mu x^{\mu-1}(\mu$ 为常数$)$;

(3)$(a^x)' = a^x \ln a(a > 0, a \neq 1)$;

(4)$(e^x)' = e^x$;

(5)$(\log_a x)' = \dfrac{1}{x \ln a}(a > 0, a \neq 1)$;

(6)$(\ln x)' = \dfrac{1}{x}$;

(7)$(\sin x)' = \cos x$;

(8)$(\cos x)' = -\sin x$;

(9)$(\tan x)' = \sec^2 x$;

(10)$(\cot x)' = -\csc^2 x$;

(11)$(\sec x)' = \sec x \tan x$;

(12)$(\csc x)' = -\csc x \cot x$;

(13)$(\arcsin x)' = \dfrac{1}{\sqrt{1-x^2}}$;

(14)$(\arccos x)' = -\dfrac{1}{\sqrt{1-x^2}}$;

(15)$(\arctan x)' = \dfrac{1}{1+x^2}$;

(16)$(\text{arc} \cot x)' = -\dfrac{1}{1+x^2}$.

例 4 求 $y = (1 - x^2) \arccos x$ 的导数.

解 $y' = \left[(1 - x^2) \arccos x \right]' = (1 - x^2)' \arccos x + (1 - x^2)(\arccos x)'$

$= -2x \arccos x + (1 - x^2)\dfrac{-1}{\sqrt{1-x^2}}$

$= -(2x \arccos x + \sqrt{1-x^2})$.

例 5 求 $y = x^2 \cdot \tan x \cdot \ln x$ 的导数.

解 $y' = (x^2 \cdot \tan x \cdot \ln x)' = (x^2)' \cdot \tan x \cdot \ln x + x^2 \cdot (\tan x)' \cdot \ln x + x^2 \cdot \tan x \cdot (\ln x)'$

$= 2x \cdot \tan x \cdot \ln x + x^2 \cdot \sec^2 x \cdot \ln x + x \cdot \tan x$.

2.2.3 复合函数的求导法则

定理 2.3(复合函数求导法则) 设函数 $y = f(u)$,$u = \varphi(x)$ 均可导,则复合函数 $y = f[\varphi(x)]$ 也可导,且

$$\frac{\mathrm{d}y}{\mathrm{d}x} = \frac{\mathrm{d}y}{\mathrm{d}u} \cdot \frac{\mathrm{d}u}{\mathrm{d}x} = f'(u) \cdot \varphi'(x).$$

证明 设 x 取得增量 Δx,则 u 取得相应的增量 Δu,从而 y 取得相应的增量 Δy.

因为 $u = \varphi(x)$ 可导,则必连续,所以当 $\Delta x \to 0$ 时,$\Delta u \to 0(\Delta u \neq 0)$,

有

$$\lim_{\Delta x \to 0}\frac{\Delta y}{\Delta x} = \lim_{\Delta x \to 0}\left(\frac{\Delta y}{\Delta u} \cdot \frac{\Delta u}{\Delta x}\right) = \lim_{\Delta u \to 0}\frac{\Delta y}{\Delta u} \cdot \lim_{\Delta x \to 0}\frac{\Delta u}{\Delta x}.$$

故

$$\frac{\mathrm{d}y}{\mathrm{d}x} = f'(u) \cdot \varphi'(x)$$

或记作

$$y_x' = y_u' \cdot u_x'$$

定理表明,可导函数的复合函数仍然可导,其导数等于复合函数对中间变量的导数乘以中间变量对自变量的导数.

定理推广:若函数 $y = f(u)$,$u = \varphi(v)$,$v = \psi(x)$ 均可导,则复合函数 $y = f\{\varphi[\psi(x)]\}$ 对 x 的导数为

$$\frac{\mathrm{d}y}{\mathrm{d}x} = \frac{\mathrm{d}y}{\mathrm{d}u} \cdot \frac{\mathrm{d}u}{\mathrm{d}v} \cdot \frac{\mathrm{d}v}{\mathrm{d}x} = f'(u)\varphi'(v)\psi(x).$$

例 6 求 $y = (3x - 5)^7$ 的导数.

解 令 $u = 3x - 5$，则 $y = u^7$

故 $\qquad y' = (u^7)' = 7u^6 \cdot u' = 7(3x - 5)^6 \cdot (3x - 5)' = 21(3x - 5)^6.$

在运算熟练后，可不必将中间变量写出来.

例 7 求 $y = e^{x^2}$ 的导数.

解 $y' = e^{x^2} \cdot (x^2)' = 2xe^{x^2}.$

例 8 求 $y = \ln(\sin x)$ 的导数.

解 $y' = \dfrac{1}{\sin x}(\sin x)' = \dfrac{\cos x}{\sin x} = \cot x.$

例 9 求 $y = e^{\sin\sqrt{x}}$ 的导数.

解 $y' = e^{\sin\sqrt{x}}(\sin\sqrt{x})' = e^{\sin\sqrt{x}} \cdot \cos\sqrt{x} \cdot (\sqrt{x})' = e^{\sin\sqrt{x}} \cdot \cos\sqrt{x} \cdot \dfrac{1}{2\sqrt{x}}.$

例 10 求 $y = \ln(x + \sqrt{x^2 + 1})$ 的导数.

解 $y' = \dfrac{1}{x + \sqrt{x^2 + 1}}(x + \sqrt{x^2 + 1})' = \dfrac{1}{x + \sqrt{x^2 + 1}}\left[1 + \dfrac{1}{2\sqrt{x^2 + 1}}(x^2 + 1)'\right]$

$\qquad = \dfrac{1}{x + \sqrt{x^2 + 1}}\left(1 + \dfrac{x}{\sqrt{x^2 + 1}}\right) = \dfrac{1}{\sqrt{x^2 + 1}}.$

例 11 设 $f(x) = x^\mu, \mu \in \mathbf{R}, x > 0$，证明幂函数的导数公式 $(x^\mu)' = \mu x^{\mu - 1}.$

证明 由于 $x^\mu = (e^{\ln x})^\mu = e^{\mu\ln x}$，

那么 $\quad (x^\mu)' = (e^{\mu\ln x})' = e^{\mu\ln x}(\mu\ln x)' = x^\mu \cdot \mu \cdot \dfrac{1}{x} = \mu x^{\mu - 1}.$

例 12 设 $f(x)$ 是可导函数，$y = f(x^2) + f^2(x)$，求 $\dfrac{\mathrm{d}y}{\mathrm{d}x}.$

解 $\dfrac{\mathrm{d}y}{\mathrm{d}x} = [f(x^2)]' + [f^2(x)]' = f'(x^2) \cdot 2x + 2f(x) \cdot f'(x).$

注意 "$[f(x^2)]'$"的含义是对整个复合函数中的自变量 x 求导，而"$f'(x^2)$"的含义是将 x^2 看成一个整体中间变量 u 的导数，即 $f'(u)\big|_{u = x^2}$，显然，它们是不同的.

例 13 $y = \sin^2 e^{2x}$，求 $y'.$

解 $y' = 2\sin e^{2x} \cdot (\sin e^{2x})' = 2\sin e^{2x} \cdot \cos e^{2x} \cdot (e^{2x})' = 2\sin e^{2x} \cdot \cos e^{2x} \cdot 2e^{2x}$

$\qquad = 2e^{2x}\sin 2e^{2x}.$

习题 2.2

1. 求下列函数的导数：

(1) $y = x^4 + 2x^2 - x + 1$；

(2) $y = \dfrac{1}{x} - \dfrac{1}{x^3} + \dfrac{3}{\sqrt{2}}$；

(3) $y = x^4 + \sin x + e^x$；

(4) $y = e^x \cdot \cos x$；

(5) $y = x\arctan x$；

(6) $y = x^3\ln x + 2^x$；

(7) $y = \dfrac{x^3}{x + 1}$；

(8) $y = \dfrac{\arccos x}{e^x}$；

$(9)y = (x+1)(x+2)(x+3)$;　　　$(10)y = x^3(2x-1)\cos x.$

2. 求下列复合函数的导数:

$(1)y = (2x+5)^4$;　　　　　　　$(2)y = (a+bx)^6$;

$(3)y = \dfrac{1}{x^2+1}$;　　　　　　　$(4)y = e^{\sqrt{x}}$;

$(5)y = \log_3(x^2+4)$;　　　　　　$(6)y = \ln\ln x$;

$(7)y = \sin(xe^x)$;　　　　　　　$(8)y = e^{\sin\frac{1}{x^2}}$;

$(9)y = x\arcsin\dfrac{x}{2} + \sqrt{4-x^2}$;　　　$(10)y = \arctan\dfrac{1-x}{1+x}.$

3. 求抛物线 $y = ax^2+bx+c$ 上具有水平切线的点.

4. 已知 $f(x) = (x+1)(x+2)\cdots(x+n)$,求 $f'(-1)$.

5. 设 $f(x)$ 可导,求下列函数的导数.

$(1)y = f(x^2)$;　　　　　　　　$(2)y = \ln[f(x)]$;

$(3)y = f(\sin^2 x) + f(\cos^2 x)$;　　　$(4)y = f(e^x)e^{f(x)}.$

6. 设 $f''(x)$ 存在,求下列函数的二阶导数:

$(1)y = f(\ln x)$;　　　　　　　　$(2)y = f^2(x).$

2.3　函数的微分

在实际问题中常常会遇到近似计算问题. 对此,我们总希望做到两点:一是计算精确,即误差小;二是计算简便. 为了说明问题,下面通过简单的例子来说明.

例 1　计算正方形面积增量问题.

设有边长为 x_0 的正方形,面积用 S 表示. 当边长的增量为 Δx 时,其面积的增量为

$$
\begin{aligned}
\Delta S &= (x_0 + \Delta x)^2 - x_0^2 \\
&= 2x_0\Delta x + (\Delta x)^2
\end{aligned}
$$

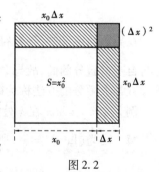

图 2.2

这个增量分成两部分,第一部分 $2x_0\Delta x$ 是其主要部分,起主导作用;第二部分 $(\Delta x)^2$ 是当 $\Delta x \to 0$ 时,Δx 的高阶无穷小量,可以忽略不计. 因此当给 x_0 微小增量 Δx 时,由此所引起的面积增量 ΔS 可近似地用 $2x_0\Delta x$ 来代替. 相差仅是一个以 Δx 为边长的正方形面积(图 2.2),所以当 Δx 越小,面积相差也越小. $\Delta S \approx 2x_0\Delta x$ 既简便又有较好的精度,$2x_0\Delta x$ 就叫作函数 $S = x^2$ 在点 x_0 处的微分.

2.3.1　微分

(1)微分的定义

定义 2.3　设函数 $y = f(x)$ 在 x 的某领域内有定义,若函数 $y = f(x)$ 在点 x 处的增量 $\Delta y = f(x + \Delta x) - f(x)$ 可以表示为

$$\Delta y = A\Delta x + o(\Delta x) \quad (\Delta x \to 0)$$

其中 A 与 Δx 无关. $o(\Delta x)$ 是 Δx 的高阶无穷小量,则称 $A\Delta x$ 为函数 $y=f(x)$ 在 x 处的微分,记作 $\mathrm{d}y$ 或 $\mathrm{d}f(x)$,即

$$\mathrm{d}y = \mathrm{d}f(x) = A\Delta x.$$

这时也称函数 $y=f(x)$ 在 x 处可微.

(2)可微与可导的关系

定理2.4 函数 $y=f(x)$ 在 x 处可微的充要条件是 $f(x)$ 在 x 处可导,且 $A=f'(x)$.

证: 设函数 $y=f(x)$ 在点 x 处可微,由定义有 $\Delta y=A\Delta x+o(\Delta x)$,两端同除以 Δx,得

$$\frac{\Delta y}{\Delta x} = A + \frac{o(\Delta x)}{\Delta x}$$

当 $\Delta x\to 0$ 时,有

$$\lim_{\Delta x\to 0}\frac{\Delta y}{\Delta x}=A+\lim_{\Delta x\to 0}\frac{o(\Delta x)}{\Delta x}=A.$$

所以函数 $y=f(x)$ 在 x 处可导,且 $A=f'(x)$.

若函数 $y=f(x)$ 在 x 处可导,即 $\lim_{\Delta x\to 0}\frac{\Delta y}{\Delta x}=f'(x)$.

从而

$$\frac{\Delta y}{\Delta x}=f'(x)+\alpha \quad (\text{其中}\lim_{\Delta x\to 0}\alpha=0)$$

于是

$$\Delta y = f'(x)\Delta x + \alpha\Delta x.$$

其中 $f'(x)$ 是与 Δx 无关的常数,且

$$\lim_{\Delta x\to 0}\frac{\alpha\cdot\Delta x}{\Delta x}=\lim_{\Delta x\to 0}\alpha=0 \quad \text{即} \quad \alpha\Delta x=o(\Delta x).$$

所以函数 $y=f(x)$ 在点 x 处可微.

当函数 $y=x$ 时,函数的微分 $\mathrm{d}y=\mathrm{d}x=x'\Delta x=\Delta x$ 即自变量的微分 $\mathrm{d}x$ 就是它的改变量 Δx.

于是,函数的微分可以写成

$$\mathrm{d}y = f'(x)\mathrm{d}x$$

在导数的定义中,导数符号 $\frac{\mathrm{d}y}{\mathrm{d}x}$ 是一个整体符号,引进微分概念以后,可知 $\frac{\mathrm{d}y}{\mathrm{d}x}$ 也表示函数微分与自变量微分的商,故导数也称为"**微商**". 由于求微分的问题可归结为求导数的问题,因此求导数与求微分的方法称为**微分法**.

例2 求 $y=\ln x$ 在 x 处的微分,并求 $x=1$ 时的微分(记作 $\mathrm{d}y|_{x=1}$).

解 因为 $(\ln x)'=\frac{1}{x}$,所以 x 处的微分 $\mathrm{d}y=f'(x)\mathrm{d}x=\frac{1}{x}\mathrm{d}x$.

$$\mathrm{d}y|_{x=1} = \mathrm{d}x.$$

例3 求 $y=xe^x$ 的微分.

解 $\mathrm{d}y=(xe^x)'\mathrm{d}x=[x'e^x+x(e^x)']\mathrm{d}x=(1+x)e^x\mathrm{d}x.$

2.3.2 微分法则

一元函数可微必可导,可导必可微. 求一元函数的微分归结为求一元函数的导数,只要求出导数 $f'(x)$,再乘以 $\mathrm{d}x$ 即可,即 $\mathrm{d}y=f'(x)\mathrm{d}x$.

(1)基本初等函数的微分公式

① $\mathrm{d}c=0$ 　　　　　② $\mathrm{d}x^\alpha=\alpha x^{\alpha-1}\mathrm{d}x$

③$\mathrm{d}e^x = e^x\mathrm{d}x$

④$\mathrm{d}a^x = a^x \ln a\mathrm{d}x$

⑤$\mathrm{d}\ln x = \dfrac{1}{x}\mathrm{d}x$

⑥$\mathrm{d}\log_a x = \dfrac{1}{x \ln a}\mathrm{d}x$

⑦$\mathrm{d}\sin x = \cos x\mathrm{d}x$

⑧$\mathrm{d}\cos x = -\sin x\mathrm{d}x$

⑨$\mathrm{d}\tan x = \sec^2 x\mathrm{d}x$

⑩$\mathrm{d}\cot x = -\csc^2 x\mathrm{d}x$

⑪$\mathrm{d}\sec x = \sec x \tan x\mathrm{d}x$

⑫$\mathrm{d}\csc x = -\csc x \cot x\mathrm{d}x$

⑬$\mathrm{d}\arcsin x = \dfrac{1}{\sqrt{1-x^2}}\mathrm{d}x$

⑭$\mathrm{d}\arccos x = -\dfrac{1}{\sqrt{1-x^2}}\mathrm{d}x$

⑮$\mathrm{d}\arctan x = \dfrac{1}{1+x^2}\mathrm{d}x$

⑯$\mathrm{d}\operatorname{arccot} x = -\dfrac{1}{1+x^2}\mathrm{d}x$

（2）微分的四则运算法则

设函数 $u = u(x), v = v(x)$ 的导数均存在,则有:

①$\mathrm{d}(u \pm v) = \mathrm{d}u \pm \mathrm{d}v$

②$\mathrm{d}(cu) = c\mathrm{d}u$（$c$ 为常数）

③$\mathrm{d}(uv) = v\mathrm{d}u + u\mathrm{d}v$

④$\mathrm{d}\left(\dfrac{u}{v}\right) = \dfrac{v\mathrm{d}u - u\mathrm{d}v}{v^2}$（$v \neq 0$）

（3）微分形式的不变性

若函数 $y = f(u), u = u(x)$ 均可微,则复合函数 $y = f[\varphi(x)]$ 可微,且有
$$\mathrm{d}y = f'(u)u'(x)\mathrm{d}x = f'(u)\mathrm{d}u.$$

上式说明函数 $y = f(u)$,无论 u 是否是自变量,它的微分形式同样都是 $\mathrm{d}y = f'(u)\mathrm{d}u$,这就是所谓的一阶**微分形式的不变性**.

例 4　设求 $y = \sin x^2$ 的微分.

解　方法一　利用 $\mathrm{d}y = y'\mathrm{d}x$
$$y' = \cos x^2 \cdot (x^2)' = 2x \cdot \cos x^2$$
$\mathrm{d}y = y'\mathrm{d}x = 2x \cdot \cos x^2 \cdot \mathrm{d}x.$

方法二　令 $u = x^2$,则 $y = \sin u$. 由一阶微分形式的不变性得
$\mathrm{d}y = (\sin u)' \cdot \mathrm{d}u = \cos u \cdot \mathrm{d}u = \cos x^2 \cdot \mathrm{d}(x^2) = \cos x^2 \cdot (2x \cdot \mathrm{d}x).$
所以
$$\mathrm{d}y = 2x \cos x^2\mathrm{d}x.$$

例 5　求 $y = e^{\sqrt{x}}$ 的微分.

解
$$\mathrm{d}y = e^{\sqrt{x}}\mathrm{d}(\sqrt{x}) = \dfrac{e^{\sqrt{x}}}{2\sqrt{x}}\mathrm{d}x.$$

2.3.3　微分的几何意义

如图 2.3 所示,在曲线 $y = f(x)$ 上取一点 $M(x_0, y_0)$ 过 M 点作曲线的切线,此切线的斜率为:
$$f'(x_0) = \tan \alpha.$$
当自变量在点 x_0 处取得增量 Δx 时,就得到曲线上另外一点 N
$(x_0 + \Delta x, y_0 + \Delta y)$.

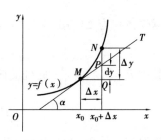

图 2.3

53

由图 2.3 易知 $\qquad MQ = \Delta x$, $\quad NQ = \Delta y$

且 $\qquad PQ = MQ \cdot \tan \alpha = f'(x_0)\Delta x = \mathrm{d}y$

因此,函数 $y = f(x)$ 的微分 $\mathrm{d}y$ 就是过点 $M(x_0, y_0)$ 处的切线的纵坐标的改变量.微分实际上是函数增量的近似值,当自变量在一点处取得微小的增量时,微分用来估算函数相应的增量.

*2.3.4 微分在近似计算中的应用

若函数 $y = f(x)$ 在点 x 处导数 $f'(x) \neq 0$,那么当 $\Delta x \to 0$ 时,微分 $\mathrm{d}y$ 是函数增量 Δy 的主要部分(线性主部),因此当 $|\Delta x|$ 很小时,忽略高阶无穷小量,可以用 $\mathrm{d}y$ 作为 Δy 的近似值,即

$$\Delta y \approx \mathrm{d}y = f'(x_0)\Delta x \qquad (1)$$

因为 $\qquad \Delta y = f(x + \Delta x) - f(x)$

所以(1)式改写为

$$f(x_0 + \Delta x) - f(x_0) \approx f'(x_0)\Delta x$$

也就是 $\qquad f(x_0 + \Delta x) \approx f(x_0) + f'(x_0)\Delta x$

令 $x = x_0 + \Delta x$,则有 $\Delta x = x - x_0$,上式简化为

$$f(x) \approx f(x_0) + f'(x_0)(x - x_0) \qquad (2)$$

特别地当 $x_0 = 0$ 时,有 $\qquad f(x) \approx f(0) + f'(0)x \qquad (3)$

(1)式可估算函数 $y = f(x)$ 的增量 Δy;

(2)式可计算函数 $y = f(x)$ 一次近似式;

(3)式可得实际应用中的近似公式.

例 6 求 $\sqrt[3]{1.02}$ 的近似值.

解 问题为求函数 $f(x) = \sqrt[3]{x}$ 在点 $x = 1.02$ 处的函数值的近似值.

由于 $\qquad f(x) \approx f(x_0) + f'(x_0)(x - x_0) = \sqrt[3]{x_0} + \dfrac{1}{3\sqrt[3]{x_0^2}}(x - x_0)$

令 $x_0 = 1, \Delta x = 0.02$,得

$$\sqrt[3]{1.02} \approx \sqrt[3]{1} + \frac{1}{3\sqrt[3]{1^2}} \times 0.02 \approx 1.006\,7.$$

例 7 有一外直径为 10 cm 的球,球壳厚度为 $\dfrac{1}{16}$ cm.试求球壳体积的近似值.

解 半径为 R 的球体体积为 $\qquad V = f(R) = \dfrac{4}{3}\pi R^3$

球壳体积为 ΔV,用 $\mathrm{d}V$ 作为其近似值

$$\mathrm{d}V = f'(R)\mathrm{d}R = 4\pi R^2 \mathrm{d}R$$

其中 $R = 5, \Delta R = \dfrac{1}{16}$,此处应该是负的,$\Delta R = -\dfrac{1}{16}$.

$$\Delta V \approx \mathrm{d}V = 4\pi \cdot 5^2 \cdot \left(-\frac{1}{16}\right) \approx -19.63.$$

所以球壳体积 $|\Delta V|$ 的近似值 $|\mathrm{d}V|$ 为 19.63 cm³.

例 8 写出 $f(x) = \mathrm{e}^x$ 在 $x = 0$ 处的一次近似式.

解 由于 $f(0) = e^0 = 1, f'(0) = e^x \big|_{x=0} = 1$,

由(3)式可得

$$e^x \approx 1 + x.$$

习题 2.3

1. 已知 $y = x^3 - x$,计算在 $x = 2$ 处当 Δx 分别等于 $1, 0.1, 0.01$ 时的 Δy 及 dy.

2. 求下列函数的微分:

(1) $y = e^{\tan x}$;

(2) $y = (1 + x^2) \arctan x$;

(3) $y = e^{\frac{\pi}{2}} \ln x$;

(4) $y = e^{\sqrt{x}} \sin x$;

(5) $y = 2^{\cos x}$;

(6) $y = \arcsin x^2$.

3. 在下列括号中填入适当的函数使等式成立.

(1) $3x^2 dx = d(\qquad)$;

(2) $\dfrac{2}{1 + x^2} dx = d(\qquad)$;

(3) $\sec^2 x dx = d(\qquad)$;

(4) $3 \cos 3x dx = d(\qquad)$;

(5) $(ax + b) dx = d(\qquad)$;

(6) $\dfrac{2}{x} dx = d(\qquad)$;

(7) $\dfrac{1}{\sqrt{x}} dx = d(\qquad)$;

(8) $\dfrac{3}{\sqrt{1 - x^2}} dx = d(\qquad)$;

(9) $e^{5x} dx = d(\qquad)$;

(10) $\sec x \cdot \tan x dx = d(\qquad)$.

*4. 求下列各式的近似值:

(1) $\sqrt[6]{65}$;

(2) $\cos 29°$.

*5. 当 $|x|$ 较小时,证明下列近似公式.

(1) $\tan x \approx x$ (x 是角的弧度值);

(2) $\ln(1 + x) \approx x$;

(3) $(1 + x)^{\alpha} \approx 1 + \alpha x$;

(4) $\sin x \approx x$.

2.4 隐函数、参数方程确定的函数的微分

由上一节定理 2.4 可知,函数可导必可微. 所以求微分的问题可归结为求导数的问题,因此求微分与求导数的方法是相通的. 若函数 $y = f(x)$ 在 x 处可微,则 $dy = f'(x) dx$,而其导数也可以看成是函数的微分与自变量微分的商,即 $\dfrac{dy}{dx} = f'(x)$. 结合微分公式以及一阶微分形式的不变性,隐函数和参数方程所确定的函数的导数也就不难得到.

2.4.1 隐函数的导数

通常称 $y = f(x)$ 为显函数,而由方程 $F(x, y) = 0$ 所确定的变量 y 与 x(或 x 与 y)的对应关系称为**隐函数**.

当函数对应关系隐含于方程中,不能直接解出这些函数时,如何求其导数? 方法便是把 y 视为 x 的可微函数来处理并且利用和、积、商的微分法则及微分形式的不变性对方程两边求微分,然后经由 x 和 y 解出 $\dfrac{\mathrm{d}y}{\mathrm{d}x}$.

注:利用微分求隐函数导数,不需关注和区分自变量及因变量,仅需区分常量和变量.

例1 求由方程 $y^2 = x$ 所确定的隐函数的导数 $\dfrac{\mathrm{d}y}{\mathrm{d}x}$.

解 为求 $\dfrac{\mathrm{d}y}{\mathrm{d}x}$,利用微分及其微分形式不变性,对方程 $y^2 = x$ 两边求微分.

$$\mathrm{d}(y^2) = \mathrm{d}x$$
$$2y\mathrm{d}y = \mathrm{d}x$$

整理得
$$\frac{\mathrm{d}y}{\mathrm{d}x} = \frac{1}{2y} \quad (y \neq 0).$$

例2 求由方程 $x^2 + y^2 = R^2$(R 为常数)所确定的隐函数的导数 $\dfrac{\mathrm{d}y}{\mathrm{d}x}$.

解 利用微分及其微分形式不变性,对方程两端求微分,得
$$\mathrm{d}(x^2 + y^2) = \mathrm{d}R^2$$
$$\mathrm{d}(x^2) + \mathrm{d}(y^2) = 0$$
其中
$$\mathrm{d}(x^2) = 2x\mathrm{d}x, \mathrm{d}(y^2) = 2y\mathrm{d}y$$
代入上式可得
$$x\mathrm{d}x + y\mathrm{d}y = 0$$
整理可得
$$\frac{\mathrm{d}y}{\mathrm{d}x} = -\frac{x}{y}, \text{其中}(y \neq 0).$$

例3 求方程 $\sin y + xe^y = 1$ 所确定的隐函数的导数 $\dfrac{\mathrm{d}y}{\mathrm{d}x}$ 及其在点 $(1,0)$ 处的切线方程.

解 利用微分及其微分形式不变性,对方程两端求微分,得
$$\mathrm{d}(\sin y + xe^y) = \mathrm{d}(1)$$
$$\mathrm{d}\sin y + \mathrm{d}(xe^y) = 0$$
$$\cos y\mathrm{d}y + e^y\mathrm{d}x + xe^y\mathrm{d}y = 0$$
整理可得
$$\frac{\mathrm{d}y}{\mathrm{d}x} = \frac{-e^y}{xe^y + \cos y}, \text{其中}(xe^y + \cos y \neq 0).$$

从而在 $(1,0)$ 处的切线斜率为:$k_{切} = \dfrac{\mathrm{d}y}{\mathrm{d}x}\Big|_{\substack{x=1\\y=0}} = -\dfrac{1}{2}$

故所求切线方程为:
$$y - 0 = -\frac{1}{2}(x - 1)$$
即
$$y = -\frac{1}{2}x + \frac{1}{2}.$$

*例4 由方程 $x^2 + y^2 = R^2$(R 为常数)所确定的隐函数的二阶导数 $\dfrac{\mathrm{d}^2y}{\mathrm{d}^2x}$.

解 由本节例2可知,
$$\frac{\mathrm{d}y}{\mathrm{d}x} = -\frac{x}{y}$$

再次进行求导可得

$$\frac{\mathrm{d}^2 y}{\mathrm{d}^2 x} = -\frac{y - xy'}{y^2}$$

将

$$\frac{\mathrm{d}y}{\mathrm{d}x} = -\frac{x}{y}$$

代入上式整理得

$$\frac{\mathrm{d}^2 y}{\mathrm{d}^2 x} = -\frac{y^2 + x^2}{y^3} = -\frac{R^2}{y^3}, 其中 (y \neq 0).$$

2.4.2　对数求导法

对于幂指函数(形如 $y = u(x)^{v(x)}$, $u(x) > 0$ 的函数)和含有多个因式相乘、除、乘方、开方运算的函数,可以将等式两边同时取对数,化为隐函数再求导数,这种方法称为"**对数求导法**".

例如幂指函数 $y = f(x)^{g(x)}$ $(f(x) > 0)$ 求导:

方法 1　两边取自然对数得:　$\ln y = g(x) \cdot \ln f(x)$

方程两边求微分可得:　　　　$\mathrm{d}(\ln y) = \mathrm{d}[g(x) \ln f(x)]$

$$\frac{1}{y} \mathrm{d}y = [g(x) \ln f(x)]' \mathrm{d}x$$

整理得　　　　$\frac{\mathrm{d}y}{\mathrm{d}x} = y[g(x) \ln f(x)]' = f(x)^{g(x)} [g(x) \ln f(x)]'.$

方法 2　由于　　　　　　$y = f(x)^{g(x)} = \mathrm{e}^{g(x) \ln f(x)}$

利用微分及微分形式的不变性可知

$$\mathrm{d}y = \mathrm{d}[\mathrm{e}^{g(x) \ln f(x)}]$$
$$\mathrm{d}y = \mathrm{e}^{g(x) \ln f(x)} \cdot [g(x) \ln f(x)]' \cdot \mathrm{d}x$$

整理得　　　　$\frac{\mathrm{d}y}{\mathrm{d}x} = f(x)^{g(x)} [g(x) \ln f(x)]'.$

例 5　求函数 $y = x^x (x > 0)$ 的导数 $\frac{\mathrm{d}y}{\mathrm{d}x}$.

解　等式两边取自然对数,有 $\ln y = x \cdot \ln x$

两边求微分,得　　　　$\mathrm{d}(\ln y) = \mathrm{d}(x \cdot \ln x)$

$$\frac{1}{y} \cdot \mathrm{d}y = (\ln x + 1) \mathrm{d}x,$$

所以　　　　$\frac{\mathrm{d}y}{\mathrm{d}x} = y(\ln x + 1) = x^x(\ln x + 1).$

例 6　求函数 $y = \frac{(2x + 3)^4 \sqrt{x - 6}}{\sqrt[3]{x + 1}}$ 的导数 $\frac{\mathrm{d}y}{\mathrm{d}x}$.

解　两边取自然对数得

$$\ln y = 4 \ln(2x + 3) + \frac{1}{2} \ln(x - 6) - \frac{1}{3} \ln(x + 1)$$

两边求微分,得

$$\mathrm{d}(\ln y) = \mathrm{d}\left[4 \ln(2x + 3) + \frac{1}{2} \ln(x - 6) - \frac{1}{3} \ln(x + 1)\right]$$

$$\frac{1}{y} \cdot \mathrm{d}y = \left(\frac{8}{2x+3} + \frac{1}{2(x-6)} - \frac{1}{3(x+1)} \right) \cdot \mathrm{d}x$$

整理得
$$\frac{\mathrm{d}y}{\mathrm{d}x} = \frac{(2x+3)^4 \sqrt{x-6}}{\sqrt[3]{x+1}} \left[\frac{8}{2x+3} + \frac{1}{2(x-6)} - \frac{1}{3(x+1)} \right].$$

2.4.3 参数方程确定的函数的求导法

设 x 与 y 之间的关系由参数方程 $\begin{cases} x = \varphi(t) \\ y = f(t) \end{cases}$ 所确定,假定 f, φ 可微,且 $\varphi' \neq 0$,求 $\frac{\mathrm{d}y}{\mathrm{d}x}(y'_x \neq 0)$

一般由上式可以确定是 y(或 x)的函数. 根据微分形式的不变性,得

$$\begin{cases} \mathrm{d}x = \varphi'(t)\mathrm{d}t \\ \mathrm{d}y = f'(t)\mathrm{d}t \end{cases}$$

所以
$$\frac{\mathrm{d}y}{\mathrm{d}x} = \frac{f'(t)\mathrm{d}t}{\varphi'(t)\mathrm{d}t} = \frac{f'(t)}{\varphi'(t)}.$$

例 7 设 $\begin{cases} x = \ln(1+t^2) \\ y = t - \arctan t \end{cases}$,求 $\frac{\mathrm{d}y}{\mathrm{d}x}$.

解 因
$$\mathrm{d}x = \frac{2t}{1+t^2}\mathrm{d}t, \mathrm{d}y = \left(1 - \frac{1}{1+t^2}\right)\mathrm{d}t$$

所以
$$\frac{\mathrm{d}y}{\mathrm{d}x} = \frac{\left(1 - \frac{1}{1+t^2}\right)\mathrm{d}t}{\frac{2t}{1+t^2}\mathrm{d}t} = \frac{t}{2}.$$

例 8 求曲线 $\begin{cases} x = \arctan t \\ y = \ln(1+t^2) \end{cases}$ 在 $t = 1$ 所对应的点处的切线方程和法线方程.

解
$$\mathrm{d}x = \frac{1}{1+t^2}\mathrm{d}t, \mathrm{d}y = \frac{2t}{1+t^2}\mathrm{d}t$$

$$\frac{\mathrm{d}y}{\mathrm{d}x} = \frac{\frac{2t}{1+t^2}}{\frac{1}{1+t^2}} = 2t.$$

所以切线斜率 $k_{切} = \frac{\mathrm{d}y}{\mathrm{d}x}\bigg|_{t=1} = 2$;法线斜率 $k_{法} = -\frac{1}{k_{切}} = -\frac{1}{2}.$

当 $t = 1$ 时,$x = \frac{\pi}{4}, y = \ln 2,$

故切线方程为:
$$y - \ln 2 = 2\left(x - \frac{\pi}{4}\right);$$

法线方程为:
$$y - \ln 2 = -\frac{1}{2}\left(x - \frac{\pi}{4}\right).$$

**例 9** 已知 $\begin{cases} x = a\cos t \\ y = b\sin t \end{cases}$,$a$ 和 b 为非零常数,求 $\frac{\mathrm{d}^2 y}{\mathrm{d}x^2}$.

解 因
$$\mathrm{d}x = -a\sin t\mathrm{d}t, \mathrm{d}y = b\cos t\mathrm{d}t$$

$$\frac{\mathrm{d}y}{\mathrm{d}x} = \frac{b\cos t}{-a\sin t} = -\frac{b}{a}\cot t$$

$$\frac{\mathrm{d}^2 y}{\mathrm{d} x^2} = \frac{\mathrm{d}\left(\frac{\mathrm{d} y}{\mathrm{d} x}\right)}{\mathrm{d} x} = \frac{\frac{\mathrm{d}}{\mathrm{d} t}\left(\frac{\mathrm{d} y}{\mathrm{d} x}\right)}{\frac{\mathrm{d} x}{\mathrm{d} y}} = \frac{\left(-\frac{b}{a}\cot t\right)'_t}{(a\cos t)'_t}$$

$$= \frac{b}{a} \cdot \csc^2 t \cdot \frac{1}{-a\sin t} = -\frac{b}{a^2} \cdot \csc^3 t.$$

注意: $\frac{\mathrm{d} y}{\mathrm{d} x}$ 是 t 的函数; $\frac{\mathrm{d}^2 y}{\mathrm{d} x^2} \neq \frac{y_t''}{x_t''}$

习题 2.4

1. 求下列隐函数的导数:

(1) $x^2 + y^2 - xy = 1$;　　　　　　　　　(2) $x^y = y^x$;

(3) $xy = \mathrm{e}^{x+y}$;　　　　　　　　　　　(4) $y^2 = x^4 - 2\ln y$;

(5) $y = 1 + x\sin y$;　　　　　　　　　　(6) $y = \tan(x+y)$.

2. 求下列函数的导数:

(1) $y = x^x$;　　　　　　　　　　　　　(2) $y = (x-1)(x-2)^2(x-3)^3$;

(3) $y = (\sin x)^{\frac{1}{x}}$;　　　　　　　　　(4) $y = x\sqrt{\dfrac{1-x}{1+x}}$.

3. 求下列参数方程所确定的函数的导数 $\dfrac{\mathrm{d} y}{\mathrm{d} x}$.

(1) $\begin{cases} x = t^2 + 1 \\ y = t^3 + t \end{cases}$;　　　　　　　　　　(2) $\begin{cases} x = \dfrac{2a}{1+t} \\ y = \dfrac{2at}{1+t} \end{cases}$;

(3) $\begin{cases} x = 3\mathrm{e}^{-t} \\ y = 2\mathrm{e}^t \end{cases}$;　　　　　　　　　(4) $\begin{cases} x = \theta(1 - \sin\theta) \\ y = \theta\cos\theta \end{cases}$.

4. 写出下列曲线在所给参数值相应的点处的切线方程和法线方程.

(1) $\begin{cases} x = \sin t \\ y = \cos 2t \end{cases}$ 在 $t = \dfrac{\pi}{4}$ 处;　　　(2) $\begin{cases} x = 2t - t^2 \\ y = 3t - t^3 \end{cases}$ 在 $t = 0$ 处.

5. $y = y(x)$ 由方程 $x^3 + y^3 - 3xy = 0$ 所确定的函数,求 $\dfrac{\mathrm{d}^2 y}{\mathrm{d} x^2}$.

6. 求由参数方程 $\begin{cases} x = t\cos t \\ y = t\sin t \end{cases}$ 的给定的函数的二阶导数 $\dfrac{\mathrm{d}^2 y}{\mathrm{d} x^2}$.

实验 2　MATLAB 绘图基本操作

数学大师介绍

实验目的

了解 MATLAB 软件绘图功能,学会 MATLAB 软件绘图的一些基本操作.

1. 熟悉 MATLAB 的绘图命令.

2. 掌握 MATLAB 的一些基本操作,能够进行一般的绘图操作.

实验内容

MATLAB 语言除了有强大的矩阵处理功能之外,它的绘图功能也是相当强大的. MATLAB 语言提供了一套功能强大的绘图命令,这些命令可以根据输入的数据自动完成图形的绘制,为计算过程和结果的可视化提供了极佳的手段.

本实验介绍绘制二维和三维图形命令的使用方法,以各种示例实现绘图操作.

一、二维绘图

二维图形是将平面坐标上的数据点连接起来的平面图形. 可以采用不同的坐标系,如直角坐标、对数坐标、极坐标等. 二维图形的绘制是其他绘图操作的基础. MATLAB 绘图命令比较多,如常用的 MATLAB 绘图语句有 plot、subplot 等. 利用 subplot 命令可分割窗口. 利用 title 命令可给图加上标题,利用 xlabel 命令可给坐标轴加上说明,利用 text 或 gtext 命令可在图上任何位置加标注,利用 grid 命令可在图上画坐标网格线. 这些命令的调用格式,可参阅 help,doc 等查找,也可利用网络资源了解.

MATLAB 一元函数绘图命令及符号意义见实验表 2.1—实验表 2.4.

实验表 2.1　基本线型和颜色

符号	颜色	符号	线型
y	黄色	.	点
m	紫红	0	圆圈
c	青色	x	x 标记
r	红色	+	加号
g	绿色	*	星号
b	蓝色	–	实线
w	白色	:	点线
k	黑色	–.	点划线
		– –	虚线

实验表 2.2　二维绘图工具

grid	放置格栅
gtext	用鼠标放置文本
hold	保持当前图形
text	在给定位置放置文本
title	放置图标题
xlabel	放置 x 轴标题
ylabel	放置 y 轴标题
zoom	缩放图形

实验表 2.3 axis 命令

axis([x1,x2,y1,y2])	设置坐标轴范围
axis square	当前图形设置为方形
axis equal	坐标轴的长度单位设成相等
axis normal	关闭 axis equal 和 axis square
axis off	关闭轴标记、格栅和单位标志
axis on	显示轴标记、格栅和单位标志

实验表 2.4 二维绘图函数

bar	条形图
hist	直方图
plot	简单的线性图形
polar	极坐标图形

1. plot 函数的基本用法

plot 函数用于绘制二维平面上的线性坐标曲线图,要提供一组 x 坐标和对应的 y 坐标,可以绘制分别以 x 和 y 为横、纵坐标的二维曲线. plot 函数的应用格式

plot(x,y)　　% 其中 x,y 为长度相同的向量,存储 x 坐标和 y 坐标.

示例 1　在 [−2pi,2pi] 区间,绘制曲线

在命令窗口中输入以下命令

\>> x = −2 * pi:pi/100:2 * pi;

\>> y = sin(x);

\>> plot(x,y)

程序执行后,打开一个图形窗口,在其中绘制出如实验图 2.1 所示曲线.

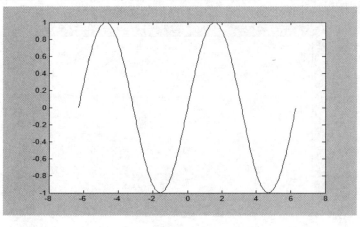

实验图 2.1

示例 2　绘制曲线

这是以参数形式给出的曲线方程,只要给定参数向量,再分别求出 x,y 向量即可输出曲线

61

在命令窗口中输入以下命令

```
>> t = - pi:pi/100:pi;
>> x = t. * cos(3 * t);
>> y = t. * sin(t). * sin(t);
>> plot(x,y)
```

程序执行后,打开一个图形窗口,在其中绘制出如实验图2.2所示曲线.

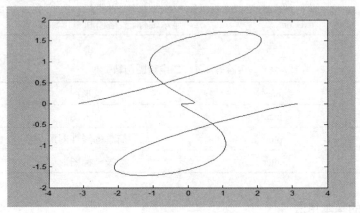

实验图2.2

示例3 参数函数绘图 $\begin{cases} x = \cos\ t + t\ \sin\ t \\ y = \sin\ t - t\ \cos\ t \end{cases}, t \in [0, 2\pi]$

在命令窗口中输入以下命令

```
>> clear,clc
>> t = 0:0.1:2 * pi;
>> x = cos(t) + t. * sin(t);
>> y = sin(t) - t. * cos(t);
>> plot(x,y)
```

程序执行后,打开一个图形窗口,在其中绘制出如实验图2.3所示曲线.

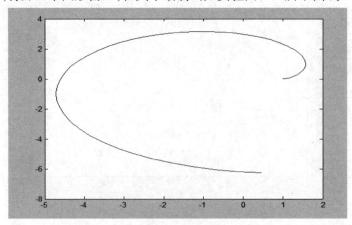

实验图2.3

示例4 ezplot('f')命令,在默认域[-2π,2π]上绘制 $f(x)$ 表达式,其中 $f(x)$ 是只有 x 的

显式函数. 也可确定画图区间 ezplot('f',[a,b])

在命令窗口运行以下命令

ezplot('sin(x)')

程序执行后,打开一个图形窗口,在其中绘制出如实验图 2.4 所示曲线.

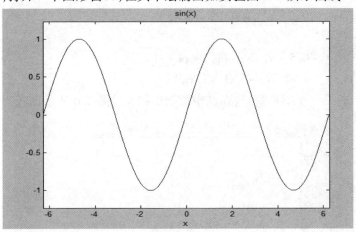

实验图 2.4

以上提到 plot 函数的自变量 x,y 为长度相同的向量,这是最常见、最基本的用法. 实际应用中还有一些变化. 分别说明:

2. 含多个输入参数的 plot 函数

plot 函数可以包含若干组向量对,每一组可以绘制出一条曲线. 含多个输入参数的 plot 函数调用格式为:plot(x1,y1,x2,y2,⋯,xn,yn)

示例 5　如下列命令可以在同一坐标中画出 3 条曲线

在命令窗口中输入以下命令

>> x = linspace(0,2 * pi,100);

>> plot(x,sin(x),x,cos(x),x,sin(2 * x))

程序执行后,打开一个图形窗口,在其中绘制出如实验图 2.5 所示曲线.

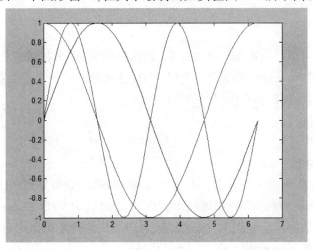

实验图 2.5

示例 6 用不同的线型和颜色在同一坐标内绘制曲线及其包络线

在命令窗口中输入以下命令

\>> $x = (0:pi/100:2*pi)'$;

\>> $y1 = 2*exp(-0.5*x)*[1,-1]$;

\>> $y2 = 2*exp(-0.5*x).*sin(2*pi*x)$;

\>> $x1 = (0:12)/2$;

\>> $y3 = 2*exp(-0.5*x1).*sin(2*pi*x1)$;

\>> $plot(x,y1,'k:',x,y2,'b--',x1,y3,'rp')$;

程序执行后,打开一个图形窗口,在其中绘制出如实验图 2.6 所示曲线.

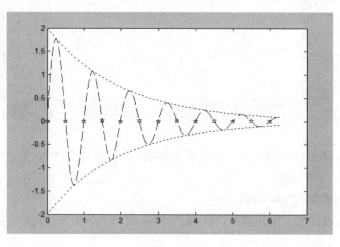

实验图 2.6

在该 plot 函数中包含了 3 组绘图参数,第一组用黑色虚线画出两条包络线,第二组用蓝色双划线画出曲线 y,第三组用红色五角星离散标出数据点.

二、绘制图形的辅助操作

绘制完图形以后,可能还需要对图形进行一些辅助操作,以使图形意义更加明确,可读性更强.

1. 图形标注

在绘制图形时,可以对图形加上一些说明,如图形的名称、坐标轴说明以及图形某一部分的含义等,这些操作称为添加图形标注. 有关图形标注函数的调用格式为:

title('图形名称') (都放在单引号内)

xlabel('x 轴说明')

ylabel('y 轴说明')

text(x,y,'图形说明')

legend('图例 1','图例 2',…)其中,title、xlabel 和 ylabel 函数分别用于说明图形和坐标轴的名称. text 函数是在坐标点(x,y)处添加图形说明. (或用 gtext 命令). legend 函数用于绘制曲线所用线型、颜色或数据点标记图例,图例放置在空白处,用户还可以通过鼠标移动图例,将其放到所希望的位置. 除 legend 函数外,其他函数同样适用于三维图形,在三维中 z 坐标轴说明用 zlabel 函数.

上述函数中的说明文字,除了使用标准的 ASCII 字符外,还可以使用 LaTex(一种流行的数学排版软件)格式的控制字符,这样就可以在图形上添加希腊字符,数学符号和公式等内容. 在 Matlab 支持的 LaTex 字符串中,用/bf , /it , /rm 控制字符分别定义黑体、斜体和正体字符,受 LaTex 字符串控制部分要加大括号｛｝括起来. 例如,text(0.3,0.5,'the usful ｛/bf MAT-LAB｝'),将使 MATLAB 一词黑体显示. 一些常用的 LaTex 字符见表,各个字符可以单独使用也可以和其他字符及命令配合使用. 如 text(0.3 ,0.5 ,'sin(｛/omega｝t +｛/beta｝)')将得到标注效果.

2. 坐标控制

在绘制图形时,Matlab 可以自动根据要绘制曲线数据的范围选择合适的坐标刻度,使得曲线能够尽可能清晰地显示出来. 所以,一般情况下用户不必选择坐标轴的刻度范围. 但是,如果用户对坐标不满意,可以利用 axis 函数对其重新设定. 其调用格式为

axis([xmin xmax ymin ymax zmin zmax])

如果只给出前四个参数,则按照给出的 x、y 轴的最小值和最大值选择坐标系范围,绘制出合适的二维曲线. 如果给出了全部参数,则绘制出三维图形.

axis 函数的功能丰富,其常用的用法有;

axis equal:纵横坐标轴采用等长刻度;

axis square:产生正方形坐标系(默认为矩形);

axis auto:使用默认设置;

axis off:取消坐标轴;

axis on:显示坐标轴.

还有:给坐标加网格线可以用 grid 命令来控制,grid on/off 命令控制是否画网格线,不带参数的 grid 命令在两种之间进行切换.

给坐标加边框用 box 命令控制和 grid 一样用法

3. 图形保持

一般情况下,每执行一次绘图命令,就刷新一次当前图形窗口,图形窗口原有图形将不复存在,如果希望在已经存在的图形上再继续添加新的图形,可以使用图形保持命令 hold. hold on/off 命令是保持原有图形还是刷新原有图形,不带参数的 hold 命令在两者之间进行切换.

4. 图形窗口分割

在实际应用中,经常需要在一个图形窗口中绘制若干个独立的图形,这就需要对图形窗口进行分割. 分割后的图形窗口由若干个绘图区组成,每一个绘图区可以建立独立的坐标系并绘制图形. 同一图形窗口下的不同图形称为子图. Matlab 提供了 subplot 函数用来将当前窗口分割成若干个绘图区,每个区域代表一个独立的子图,也是一个独立的坐标系,可以通过 subplot 函数激活某一区,该区为活动区,所发出的绘图命令都是作用于该活动区域. 调用格式:

subplot(m,n,p)

该函数把当前窗口分成 $m \times n$ 个绘图区,m 行,每行 n 个绘图区,区号按行优先编号. 其中第 p 个区为当前活动区. 每一个绘图区允许以不同的坐标系单独绘制图形.

三、绘制二维图形的其他函数

1. 其他形式的线性直角坐标图

在线性直角坐标中,其他形式的图形有条形图、阶梯图、杆图和填充图等,所采用的函数分

别为:

bar(x,y,'选项')　　　　选项在单引号中

stairs(x,y,'选项')

stem(x,y,'选项')

fill(x1,y1,选项1,x2,y2,选项2,…)

前三个函数和 plot 的用法相似,只是没有多输入变量形式. fill 函数按向量元素下标渐增次序依次用直线段连接 x,y 对应元素定义的数据点.

示例 7　分别以条形图、填充图、阶梯图和杆图形式绘制曲线

在命令窗口中输入以下命令(也可编写 m 文件脚本)

```
>>x = 0 : 0. 35 : 7 ;
>>y = 2 * exp( - 0. 5 * x) ;
>>subplot(2,2,1) ; bar(x,y,'g') ;
>>title('bar(x,y,"g")') ; axis([0, 7, 0 ,2]) ;
>>subplot(2,2,2) ; fill(x,y,'r') ;
>>title('fill(x,y,"r")') ; axis([0, 7, 0 ,2]) ;
>>subplot(2,2,3) ; stairs(x,y,'b') ;
>>title('stairs(x,y,"b")') ; axis([0, 7, 0 ,2]) ;
>>subplot(2,2,4) ; stem(x,y,'k') ;
>>title('stem(x,y,"k")') ; axis([0, 7, 0 ,2]) ;
```

程序执行后,打开一个图形窗口,在其中绘制出如实验图 2.7 所示曲线.

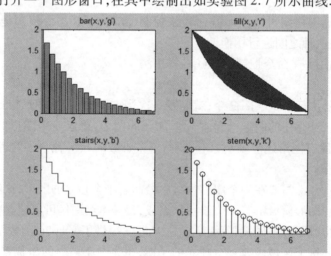

实验图 2.7

2. 极坐标图

polar 函数用来绘制极坐标图,调用格式为:

polar(theta,rho,选项)

其中,theta 为极坐标极角,rho 为极径,选项的内容和 plot 函数相似.

示例 8　绘制极坐标图

在命令窗口中输入以下命令

```
>> theta = 0:0.01:2 * pi;
```

```
>> rho = sin(4 * theta). * cos(4 * theta);
```

```
>> polar(theta, rho, 'r');
```

程序执行后,打开一个图形窗口,在其中绘制出如实验图 2.8 所示曲线.

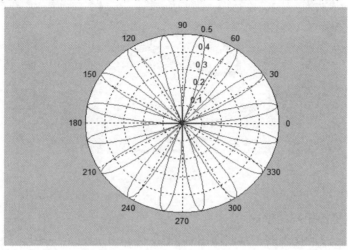

实验图 2.8

四、三维绘图

1. 绘制三维曲线的基本函数

最基本的三维图形函数为 plot3,它将二维绘图函数 plot 的有关功能扩展到三维空间,可以用来绘制三维曲线. 其调用格式为:

plot3(x1,y1,z1,'选项 1',x2,y2,z2,'选项 2',…)

其中每一组 x,y,z 组成一组曲线的坐标参数,选项的定义和 plot 的选项一样. 当 x,y,z 是同维向量时,则 x,y,z 对应元素构成一条三维曲线. 当 x,y,z 是同维矩阵时,则以 x,y,z 对应列元素绘制三维曲线,曲线条数等于矩阵的列数.

示例9 绘制空间曲线

曲线对应的参数方程绘图

在命令窗口中输入以下命令(也可编写 m 文件脚本)

```
>> t = 0:pi/50:2 * pi;
```

```
>> x = 8 * cos(t);
```

```
>> y = 4 * sqrt(2) * sin(t);
```

```
>> z = -4 * sqrt(2) * sin(t);
```

```
>> plot3(x,y,z,'p');
```

```
>> title('Line in 3 - D Space');
```

```
>> text(0,0,0,'origin');
```

```
>> xlabel('X'); ylabel('Y'); zlabel('Z'); grid;
```

程序执行后,打开一个图形窗口,在其中绘制出如实验图 2.9 所示曲线.

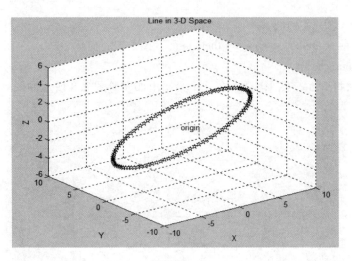

实验图 2.9

2. 三维曲面

(1)平面网格坐标矩阵的生成

当绘制 $z=f(x,y)$ 所代表的三维曲面图时,先要在 xy 平面选定一矩形区域,假定矩形区域为 $D=[a,b]\times[c,d]$,然后将 $[a,b]$ 在 x 方向分成 m 份,将 $[c,d]$ 在 y 方向分成 n 份,由各划分点做平行轴的直线,把区域 D 分成 $m\times n$ 个小矩形. 生成代表每一个小矩形顶点坐标的平面网格坐标矩阵,最后利用有关函数绘图.

产生平面区域内的网格坐标矩阵有两种方法:

利用矩阵运算生成.

x = a:dx:b;

y = (c:dy:d)';

X = ones(size(y)) * x;

Y = y * ones(size(x));

经过上述语句执行后,矩阵 $\boldsymbol{X}$ 的每一行都是向量 $\boldsymbol{x}$,行数等于向量 $\boldsymbol{y}$ 的元素个数,矩阵 $\boldsymbol{Y}$ 的每一列都是向量 $\boldsymbol{y}$,列数等于向量 $\boldsymbol{x}$ 的元素个数.

利用 meshgrid 函数生成;

x = a:dx:b;

y = c:dy:d;

[X,Y] = meshgrid(x,y);

语句执行后,所得到的网格坐标矩阵和上法相同,当 x = y 时,可以写成 meshgrid(x).

(2)绘制三维曲面的函数

Matlab 提供了 mesh 函数和 surf 函数来绘制三维曲面图. mesh 函数用来绘制三维网格图,而 surf 用来绘制三维曲面图,各线条之间的补面用颜色填充. 其调用格式为:

mesh(x,y,z,c)

surf(x,y,z,c)

一般情况下,x,y,z 是维数相同的矩阵,x,y 是网格坐标矩阵,z 是网格点上的高度矩阵,c 用于指定在不同高度下的颜色范围. c 省略时,Matlab 认为 c = z,也即颜色的设定是正比于图形的高度的. 这样就可以得到层次分明的三维图形. 当 x,y 省略时,把 z 矩阵的列下标当作 x 轴的坐标,把 z 矩阵的行下标当作 y 轴的坐标,然后绘制三维图形. 当 x,y 是向量时,要求 x 的长度必须等于 z 矩阵的列,y 的长度必须等于 z 的行,x,y 向量元素的组合构成网格点的 x,y 坐标,z 坐标则取自 z 矩阵,然后绘制三维曲线.

示例 10　用三维曲面图表现函数:

为了便于分析三维曲面的各种特征,下面画出 3 种不同形式的曲面.

编写 m 文件脚本如下

```
% program 1
x = 0:0.1:2 * pi;
[x,y] = meshgrid(x);
z = sin(y). * cos(x);
mesh(x,y,z);
xlabel('x - axis'),ylabel('y - axis'),zlabel('z - axis');
title('mesh'); pause;
% program 2
x = 0:0.1:2 * pi;
[x,y] = meshgrid(x);
z = sin(y). * cos(x);
surf(x,y,z);
xlabel('x - axis'),ylabel('y - axis'),zlabel('z - axis');
title('surf'); pause;
% program 3
x = 0:0.1:2 * pi;
[x,y] = meshgrid(x);
z = sin(y). * cos(x);
plot3(x,y,z);
xlabel('x - axis'),ylabel('y - axis'),zlabel('z - axis');
title('plot3 - 1');grid;
```

运行脚本后,打开一个图形窗口,在其中绘制出如实验图 2.10 所示曲线.

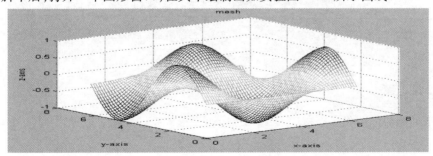

实验图 2.10

程序执行结果分别如上图所示. 从图中可以发现,网格图(mesh)中线条有颜色,线条间补面无颜色. 曲面图(surf)的线条都是黑色的,线条间补面有颜色. 进一步观察,曲面图补面颜色和网格图线条颜色都是沿 z 轴变化的. 用 plot3 绘制的三维曲面实际上由三维曲线组合而成. 可以分析 plot(x',y',z')所绘制的曲面的特征.

示例 11   绘制两个直径相等的圆管相交的图形.

编写 m 文件脚本如下

m = 30;

z = 1. 2 * (0:m)/m;

r = ones(size(z));

theta = (0:m)/m * 2 * pi;

x1 = r' * cos(theta);y1 = r' * sin(theta);%生成第一个圆管的坐标矩阵

z1 = z' * ones(1,m + 1);

x = (- m:2:m)/m;

x2 = x' * ones(1,m + 1);y2 = r' * cos(theta);%生成第一个圆管的坐标矩阵

z2 = r' * sin(theta);

surf(x1,y1,z1);   %绘制竖立的圆管

axis equal,axis off

hold on

surf(x2,y2,z2);   %绘制平放的圆管

axis equal,axis off

title ('两个等直径圆管的交线');

hold off

脚本运行后,打开一个图形窗口,在其中绘制出如实验图 2.11 所示曲线.

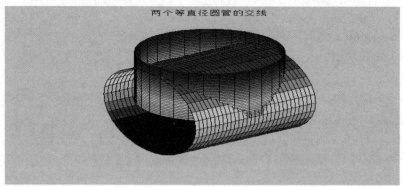

实验图 2.11

实验 2 练习题

画出下列函数的图像

1. $y = \dfrac{x}{1 + x^2}$;   2. $\dfrac{x^2}{16} + \dfrac{y^2}{9} = 1$;   3. $\begin{cases} x = 4 \cos t \\ y = 4 \sin t \end{cases}$.

小结与练习

一、内容小结

函数的导数与微分是微分学的两个密切相关的基本内容,是两个不同的概念,必须理解透彻,牢固掌握.

自然科学与工程技术中经常需要观察函数的瞬时变化率或计算函数增量的问题,由此而产生了导数与微分这两个概念.

导数概念是函数的一种特殊形式的极限.虽然可导函数一定可微,可微函数也一定可导.但导数与微分的实际意义截然不同:

(1)导数是函数在 x_0 点处平均变化率 $\dfrac{\Delta y}{\Delta x}$ 的极限,而微分是函数在 x_0 点处由自变量的增量 Δx 引起的函数增量 Δy 的近似值,是函数增量的线性主部.

(2)导函数的值只与 x_0 有关,而微分的值则不仅与 x_0 有关也与 Δx 有关.

(3)几何意义:

$f'(x_0)$ 是曲线 $y = f(x)$ 在点 $(x_0, f(x_0))$ 处的切线斜率.

$\mathrm{d}y$ 是曲线 $y = f(x)$ 在点 $(x_0, f(x_0))$ 处的切线的纵坐标对应于 Δx 的改变量.

1. 导数

$$f'(x) = \frac{\mathrm{d}y}{\mathrm{d}x}\bigg|_{x=x_0} = \lim_{\Delta x \to 0}\frac{\Delta y}{\Delta x} = \lim_{\Delta x \to 0}\frac{f(x + \Delta x) - f(x)}{\Delta x} = \lim_{x \to x_0}\frac{f(x) - f(x_0)}{x - x_0}$$

(如果不连续就一定不可导)

$$\begin{cases} \Rightarrow \lim_{\Delta x \to 0}\Delta y = 0 \Rightarrow f(x) \text{ 连续} \\ \Leftrightarrow f'(x) = f'_-(x) = f'_+(x) \\ \Leftrightarrow \mathrm{d}y = f'(x)\Delta x \end{cases}$$

2. 微分

$$\mathrm{d}y = A\Delta x = f'(x)\mathrm{d}x \qquad \begin{cases} \Delta y = A\Delta x + o(\Delta x) \\ \Leftrightarrow f'(x) \end{cases}$$

$\mathrm{d}y = f'(u)\mathrm{d}u$ 微分形式不变性(无论 u 是自变量还是中间变量).求函数的微分时可以不必说明是对哪个变量的微分,但是求函数的导数时必须指明是对哪个变量求导数.

3. 函数的导数(微分)的运算　(要求多做练习,熟练掌握并能灵活运用)

定义法、基本初等函数的求导(微分)公式、基本法则:

(1)求导的四则运算法则;

(2)复合函数的求导法则;

(3)反函数的求导法则;

(4)隐函数求导法则,对数求导法;

(5)参数方程所确定的函数的求导法则;

(6)求高阶导数;分段函数在分段点及绝对值函数的求导.

4.简单应用

曲线 $y = f(x)$ 在点 $M_0(x_0, y_0)$ 处的切线方程为:$y - y_0 = f'(x_0)(x - x_0)$;

法线方程为: $$y - y_0 = -\frac{1}{f'(x_0)}(x - x_0).$$

当 $|\Delta x| << 1$ 时,$\Delta y \approx dy = f'(x_0) \cdot \Delta x$;

$$f(x_0 + \Delta x) \approx f(x_0) + f'(x_0) \cdot \Delta x;$$

$f(x) \approx f(0) + f'(0)x.$

当 $|x|$ 很小时,一些函数的一次近似式:

$$e^x \approx 1 + x \quad \sin x \approx x; \tan x \approx x; (1 + x)^\alpha \approx 1 + \alpha x; \ln(1 + x) \approx x.$$

二、教学要求

(1)理解导数的概念;了解导数的实际意义(瞬时变化率);了解以下关系:

函数可微 $\Leftrightarrow$ 可导 $\Rightarrow$ 连续 $\Rightarrow$ 极限存在 $\Leftrightarrow$ 左、右极限存在且相等.

(2)了解导数的几何意义,掌握平面曲线的切线方程和法线方程的求法;了解导数描述某些物理量.

(3)熟练掌握基本初等函数求导公式;掌握函数和、差、积、商求导的运算法则.

(4)掌握复合函数的求导法则;知道反函数的求导法则.

(5)掌握隐函数的求导法,对数求导法,由参数方程所确定的函数的求导法.

(6)了解高阶导数的定义,会求简单函数的 n 阶导数.

(7)理解微分的概念,掌握微分的运算法则及一阶微分形式的不变性.

本章的重点:导数的概念及其几何意义;初等函数的求导问题;导数的运算法则;复合函数的求导法则;微分概念及计算.

本章的难点:复合函数的求导;隐函数求导法.

三、本章练习题

(一)选择题

1. 若 $f(x)$ 在点 $x = x_0$ 处可导,则下列各式中结果等于 $f'(x_0)$ 的是(   ).

A. $\lim\limits_{\Delta x \to 0} \dfrac{f(x_0) - f(x_0 + \Delta x)}{\Delta x}$
    B. $\lim\limits_{\Delta x \to 0} \dfrac{f(x_0 - \Delta x) - f(x_0)}{\Delta x}$

C. $\lim\limits_{\Delta x \to 0} \dfrac{f(x_0 + 2\Delta x) - f(x_0)}{\Delta x}$
    D. $\lim\limits_{\Delta x \to 0} \dfrac{f(x_0 + 2\Delta x) - f(x_0 + \Delta x)}{\Delta x}$

2. 下列条件中,当 $\Delta x \to 0$ 时,使 $f(x)$ 在点 $x = x_0$ 处不可导的条件是(   ).

A. Δy 与 Δx 是等价无穷小量
    B. Δy 与 Δx 是同阶无穷小量

C. Δy 是比 Δx 高阶的无穷小量
    D. Δx 是比 Δy 高阶的无穷小量

3. 下列结论错误的是(   ).

A. 如果函数 $f(x)$ 在点 $x = x_0$ 处连续,则 $f(x)$ 在点 $x = x_0$ 处可导

B. 如果函数 $f(x)$ 在点 $x = x_0$ 处不连续,则 $f(x)$ 在点 $x = x_0$ 处不可导

C. 如果函数 $f(x)$ 在点 $x = x_0$ 处可导,则 $f(x)$ 在点 $x = x_0$ 处连续

D. 如果函数 $f(x)$ 在点 $x=x_0$ 处不可导,则 $f(x)$ 在点 $x=x_0$ 处也可能连续

4. 设函数 $f(x)=\begin{cases} x^2 & x\leqslant 1 \\ ax+b & x>1 \end{cases}$ 在 $x=1$ 处可导,则(　　).

　　A. $a=0,b=1$ 　　　　B. $a=2,b=-1$ 　　　　C. $a=3,b=-2$ 　　　　D. $a=-1,b=2$

5. 若抛物线 $y=ax^2$ 与曲线 $y=\ln x$ 相切,则 a 等于(　　).

　　A. 1 　　　　　　　　B. $\dfrac{1}{2}$ 　　　　　　　　C. $\dfrac{1}{2e}$ 　　　　　　　　D. 2e

6. 设函数 $f(x)=x\ln 2x$ 在 x_0 处可导,且 $f'(x_0)=2$,则 $f(x_0)$ 等于(　　).

　　A. 1 　　　　　　　　B. $\dfrac{e}{2}$ 　　　　　　　　C. $\dfrac{2}{e}$ 　　　　　　　　D. e

7. 设 $y=f(x^2+1)$,且函数 $f(x)$ 可导,则 $\dfrac{dy}{dx}=$(　　).

　　A. $f'(x^2+1)$ 　　　　B. $(x^2+1)f'(x^2+1)$ 　　C. $xf'(x^2+1)$ 　　　　D. $2xf'(x^2+1)$

8. 在 $x=1$ 处连续但不可导的函数是(　　).

　　A. $y=\dfrac{1}{x-1}$ 　　　　B. $y=|x-1|$ 　　　　C. $y=\ln(x^2-1)$ 　　　　D. $y=(x-1)^2$

9. 设函数 $f(x)=(x-a)g(x)$,其中 $g(x)$ 在点 $x=a$ 处可导,则(　　).

　　A. $f'(x)=g(x)$ 　　　　　　　　　　　　B. $f'(a)=g'(a)$

　　C. $f'(a)=g(a)$ 　　　　　　　　　　　　D. $f'(x)=g(x)+(x-a)$

10. 设函数 $f(x)$ 可微,则当 $\Delta x\to 0$ 时,$\Delta y-dy$ 与 Δx 相比是(　　).

　　A. 等价无穷小 　　　　B. 同阶非等价无穷小 　　C. 低阶无穷小 　　　　D. 高阶无穷小

(二)填空题

1. 设函数 $f(x)$ 在 x_0 处可导,且 $f(x_0)=0$,$f'(x_0)=1$,则 $\lim\limits_{n\to\infty} nf\left(x_0+\dfrac{1}{n}\right)=$ _____.

2. 曲线 $y=x^2+2x-5$ 上点 M 处的切线斜率为 6,则点 M 的坐标为_____.

3. 设函数 $f(x)=x|x|$,则 $f'(0)=$ _____.

4. 设 $y=x(x+1)(x+2)$,则 $\left.\dfrac{dy}{dx}\right|_{x=0}=$ _____.

5. 设 $y=\dfrac{\arctan x}{1+x^2}$,$y'=$ _____.

6. 设函数 $f(x)=xe^x$,则 $f''(0)=$ _____.

7. 设 $y=x\sqrt{x}+\sqrt[3]{x}$,则 $dy=$ _____.

8. 设由参数方程 $\begin{cases} x=2\cos t \\ y=\sin t \end{cases}$ 确定的函数为 $y=y(x)$,则 $\left.\dfrac{dy}{dx}\right|_{t=\frac{\pi}{4}}=$ _____.

9. 椭圆 $4x^2+y^2=4$ 在点 $(0,2)$ 处的切线方程为_____.

10. 已知参数方程 $\begin{cases} x=2t-t^2 \\ y=3t-t^3 \end{cases}$,则 $\dfrac{d^2y}{dx^2}=$ _____.

11. 在"充分""必要"和"充要"三者中选择一个正确的填入下列空格内:

(1)$f(x)$ 在点 x_0 可导是 $f(x)$ 在点连续的_____条件;$f(x)$ 在点 x_0 连续是 $f(x)$ 在点 x_0 可导的_____条件.

(2)$f(x)$在点x_0的左导数$f'_-(x_0)$及右导数$f'_+(x_0)$都存在且相等是$f(x)$在点x_0可导的_____条件.

(3)$f(x)$在点x_0可导是$f(x)$在点x_0可微的_____条件.

(三)计算题

1. 求函数$f(x) = \begin{cases} \sin x & x \leqslant 0 \\ \ln(1+x) & x > 0 \end{cases}$在$x=0$的左、右导数,判断$f(x)$在$x=0$处是否可导?

2. 设函数$f(x) = \begin{cases} e^{ax} & x \leqslant 0 \\ \sin 2x + b & x > 0 \end{cases}$,且$f'(0)$存在,求$a$、$b$.

3. 求下列函数的导数:

(1)$y = \sqrt{a^2 - x^2}$;

(2)$y = \sqrt{1 + \ln^2 x}$;

(3)$y = \arctan\dfrac{1+x}{1-x}$;

(4)$y = \sin(e^{x^2 + x - 2})$;

(5)$y = (\ln x)^x$;

(6)$y = f\left(\arcsin\dfrac{1}{2}\right)$.

4. 求下列函数的二阶导数:

(1)$y = \cos^2 x \cdot \ln x$;

(2)$y = \dfrac{1-x}{1+x}$;

(3)$y = 1 + xe^y$;

(4)$\begin{cases} x = te^{-t} \\ y = e^{-t} \end{cases}$.

5. 求下列函数的微分:

(1)$y = \arcsin(2x^2 - 1)$;

(2)$y = \ln(\sec t + \tan t)$.

(四)证明题

1. 证明双曲线$xy = 1$上任一点处的切线与两坐标轴构成的三角形的面积都等于2.

2. 如果$f(x)$为偶函数,且$f'(0)$存在,证明$f'(0) = 0$.

3. 证明:函数$f(x) \begin{cases} \dfrac{\sqrt{x+1}-1}{x} & x \neq 0 \\ \dfrac{1}{2} & x = 0 \end{cases}$,在点$x = 0$连续且可导.

参考答案

第3章 导数的应用

本章利用导数这一工具,以微分中值定理为理论基础,深入研究函数及曲线的某些性态,并解决了一些实际问题.

3.1 函数的极值与最值

函数的导数可以作为工具判断函数在给定的区间上能否取得其最大值或者最小值,解决实际问题(如油井问题等)的最值问题.

引例(从油井到炼油厂输油管的铺设) 用输油管把离岸 20 km 的一座油井和沿岸往下 32 km 处的炼油厂连接起来. 如果水下输油管的铺设成本为 30 万元/km,而陆地输油管的铺设成本为 20 万元/km. 水下和陆地输油管怎样组合能使这种连接的费用最小?

初步的分析 我们可以尝试几种可能性以获得对问题的感性认识:

(1)水下输油管最短

因为水下输油管铺设比较贵,所以我们尽可能少铺设水下输油管. 我们直接铺到最近的岸边(20 km)再铺设陆地输油管(32 km)到炼油厂.

$$成本 = 20 \times 30 + 32 \times 20$$
$$= 1\ 240(万元)$$

(2)全部铺设水下输油管(最直接的路程)

从水下直接铺到炼油厂.

$$成本 = \sqrt{20^2 + 32^2} \times 30$$
$$= \sqrt{1\ 424} \times 30 \approx 1\ 132.1(万元)$$

显然这个方案比方案(1)要便宜点.

(3)折中方案

从水下铺设到中点 16 km 处再从陆地铺设到炼油厂

$$成本 = \sqrt{20^2 + 16^2} \times 30 + 16 \times 20$$
$$= \sqrt{656} \times 30 + 320 \approx 1\ 088.4(万元)$$

两个极端的方案(最短水下输油管或输油管全部在水下)都没有给出最优解.折中方案比较好一点.

16 km 那个点是随便取的.另一种选择是否会更好些呢? 如果是的话,怎么去求得? 我们能尽力而为地做什么呢? 我们将应用我们马上要研究的数学方法来求得最优解,我们将在本节末回过头解决这个问题.

3.1.1 函数单调性

函数的单调性是函数的一个重要特性.除了用单调性定义讨论外,还可以应用微分学的知识来判定函数的单调性.

如果函数 $f(x)$ 在某区间上单调增加,则函数的图形是随 x 的增大而呈上升的曲线.当曲线上处处有不垂直于 x 轴的切线(函数可导),则曲线上各点处的切线与 x 轴的夹角 $0 < \alpha < \dfrac{\pi}{2}$,切线斜率非负,即 $f'(x) \geq 0$,如图 3.1(a)所示.

如果函数 $f(x)$ 在某区间上单调减少,则它的图形是随 x 的增大而呈下降的曲线.当曲线上处处有不垂直于 Ox 轴的切线(函数可导),则曲线上各点处的切线与 Ox 轴的夹角 $\beta > \dfrac{\pi}{2}$,切线斜率非正,即 $f'(x) \leq 0$,如图 3.1(b)所示.

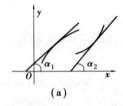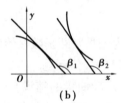

图 3.1

由拉格朗日中值定理可以得到判定函数单调性的一个判定法(证明见 3.2 节).

定理 3.1 设函数 $f(x)$ 在 (a,b) 内可导.则有

(1)如果在 (a,b) 内 $f'(x) > 0$,则函数 $f(x)$ 在 (a,b) 内单调增加.

(2)如果在 (a,b) 内 $f'(x) < 0$,则函数 $f(x)$ 在 (a,b) 内单调减少.

(3)如果在 (a,b) 内恒有 $f'(x) = 0$,则在 (a,b) 内 $f(x) = C$(C 为常数).

例 1 讨论函数 $y = x^3$ 的单调性.

解 函数的定义域为 $(-\infty, +\infty)$,
$$y' = 3x^2 \geq 0,$$
所以 $y = x^3$ 在 $(-\infty, +\infty)$ 内单调增加.如图 3.2 所示.

注 个别点导数等于 0 不影响函数的单调性.

例 2 试用函数的单调性证明:当 $x > 0$ 时,$\ln(1+x) < x$.

证明 令 $f(x) = x - \ln(1+x)$,因 $f(x)$ 在 $(0, +\infty)$ 内可导,
$$f'(x) = 1 - \frac{1}{1+x} = \frac{x}{1+x},$$
当 $x > 0$ 时,$f'(x) > 0$,可知 $f(x)$ 为 $(0, +\infty)$ 上的单调增,
即
$$f(x) > f(0) = 0.$$

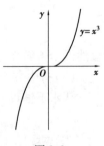

图 3.2

故 $x > 0$ 时
$$\ln(1 + x) < x.$$

类似可证明：当 $x > 0$ 时，$x - \dfrac{x^2}{2} < \ln(1 + x)$.

综上所述，当 $x > 0$ 时，$x - \dfrac{x^2}{2} < \ln(1 + x) < x$.

3.1.2　函数的极值

定义 3.1　设函数 $f(x)$ 在 x_0 的某邻域内有定义. 如果对于 $U(x_0)$ 内异于 x_0 的 x 都有

(1) $f(x) < f(x_0)$ 成立，则称 $f(x_0)$ 为 $f(x)$ 的**极大值**；称 x_0 为 $f(x)$ 的**极大值点**.

(2) $f(x) > f(x_0)$ 成立，则称 $f(x_0)$ 为 $f(x)$ 的**极小值**；称 x_0 为 $f(x)$ 的**极小值点**.

极大值、极小值统称为**极值**. 极大值点、极小值点统称为**极值点**.

极值是函数的局部的性态特征，它只是与极值点附近的所有点的函数值相比较而言，并不意味着它在函数的整个定义区间内最大或最小.

如图 3.3 所示，x_1、x_3、x_5 为函数的极小值点，x_2、x_4 为函数的极大值点；而极大值 $f(x_4)$ 还小于 $f(x_1)$，说明极大值未必比极小值大. 由图易见，这些极大值不都是函数在定义区间上的最大值，极小值也不都是函数在定义区间上的最小值.

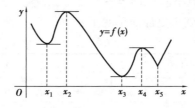

图 3.3

由图 3.3 可以看出，在极值点处如果曲线有切线存在，并且切线有确定的斜率，那么该切线平行于 x 轴，即该切线的斜率等于 0. 但是，在某点曲线的切线平行于 x 轴，并不意味着这点就一定是极值点，例如函数 $y = x^3$ 在 $x = 0$ 处的切线斜率等于 0，但在 $x = 0$ 处不是函数 $y = x^3$ 的极值点. 函数的极值点也可能在切线不存在或切线垂直于 x 轴处取得，如图 3.3 中 x_5 点处.

在上述几何直观的基础上，给出函数极值的如下定理：

定理 3.2　费马引例　设函数 $f(x)$ 在点 x_0 处可导，且 x_0 为 $f(x)$ 的极值点，则
$$f'(x_0) = 0.$$

证明　设在 x_0 的某邻域内的任何 x，恒有 $f(x) \leqslant f(x_0)$，故
$$\frac{f(x_0 + \Delta x) - f(x_0)}{\Delta x} \geqslant 0 \, (\Delta x < 0) \, ; \frac{f(x_0 + \Delta x) - f(x_0)}{\Delta x} \leqslant 0 \, (\Delta x > 0)$$

由极限的保号性可得
$$f'_-(x_0) = \lim_{\Delta x \to 0^-} \frac{f(x_0 + \Delta x) - f(x_0)}{\Delta x} \geqslant 0, \, f'_+(x_0) = \lim_{\Delta x \to 0^+} \frac{f(x_0 + \Delta x) - f(x_0)}{\Delta x} \leqslant 0,$$

因为 $f(x)$ 在 x_0 处可导，故 $f'(x_0) = f'_+(x_0) = f'_-(x_0)$. 所以 $f'(x_0) = 0$.

通常称导数等于零的点为函数的驻店（或稳定点，临界点）.

定理表明：可导函数 $f(x)$ 的极值点必定是它的驻点. 但反过来，函数的驻点却不一定是极值点. 例如，$f(x) = x^3$ 的导数 $f'(x) = 3x^2$，$f'(0) = 0$，因此 $x = 0$ 是这可导函数的驻点，但 $x = 0$

却不是这函数的极值点. 所以,函数的驻点只是可能的极值点.

定理 3.3(**极值的第一充分条件**) 设函数 $y = f(x)$ 在 x_0 的某个邻域内连续,在 $\overset{\circ}{U}(x_0)$ 可导,x_0 为函数的驻点或不可导点. 如果在该邻域内

(1)当 $x < x_0$ 时,$f'(x) > 0$;当 $x > x_0$ 时,$f'(x) < 0$,则 x_0 为 $f(x)$ 的极大值点.

(2)当 $x < x_0$ 时,$f'(x) < 0$;当 $x > x_0$ 时,$f'(x) > 0$,则 x_0 为 $f(x)$ 的极小值点.

(3)如果 $f'(x)$ 在 x_0 的两侧保持同符号,则 x_0 不是 $f(x)$ 的极值点.

对于情形(1),由**定理** 3.3 可知,当 $x < x_0$ 时,$f(x)$ 为单调增;当 $x > x_0$ 时,$f(x)$ 单调减,因此 x_0 为 $f(x)$ 的极大值点. 情形(2)、(3)也可以进行类似讨论.

例 3 求 $y = x^3 - 3x + 1$ 的极值点.

解 函数在其定义域为 $(-\infty, +\infty)$ 内可导,
$$y' = 3x^2 - 3 = 3(x-1)(x+1)$$
令 $y'(x) = 0$ 得驻点:$x_1 = -1, x_2 = 1$.

在 $(-\infty, -1)$ 内,$y' > 0$,在 $(-1,1)$ 内,$y' < 0$;

因此 $x = -1$ 为 y 的极大值点,极大值 $f(-1) = 3$.

在 $(-1,1)$ 内,$y' < 0$,在 $(1, +\infty)$ 内,$y' > 0$;

因此 $x = 1$ 为 y 的极小值点,极小值 $f(1) = -1$.

以上讨论用表格(表 3.1)列出更加简单明了:

表 3.1

x	$(-\infty, -1)$	-1	$(-1,1)$	1	$(1, +\infty)$
y'	$+$	0	$-$	0	$+$
y	↗	极大值	↘	极小值	↗

函数有极大值 $y(-1) = 3$,极小值 $y(1) = -1$.

例 4 求函数 $f(x) = x^{\frac{2}{3}}$ 的极值点.

解 函数 $f(x)$ 的定义域为 $(-\infty, +\infty)$
$$f'(x) = \frac{2}{3}x^{-\frac{1}{3}},$$

函数 $f(x)$ 在 $x = 0$ 导数不存在.

因为当 $x \in (-\infty, 0)$ 时,$f'(x) < 0$;当 $x \in (0, +\infty)$ 时,$f'(x) > 0$,故 $x = 0$ 是 $f(x)$ 的极小值点.

讨论函数 $f(x)$ 的单调区间与极值的方法:

(1)确定 $f(x)$ 的定义域;

(2)计算 $f'(x)$,求出 $f(x)$ 在定义域内的全部驻点及不可导点;

(3)用各点将定义域分区间列表讨论,判别各区间的单调性以及各点是否为极值点,并求出 $f(x)$ 的极值.

定理 3.4(**极值的第二充分条件**) 设函数 $f(x)$ 在点 x_0 处具有二阶导数,且 $f'(x_0) = 0$,$f''(x_0) \neq 0$,则

(1)当 $f''(x_0) > 0$ 时,$f(x_0)$ 为 $f(x)$ 的极小值.

（2）当 $f''(x_0) < 0$ 时，$f(x_0)$ 为 $f(x)$ 的极大值.

证　（1）由导数定义

$$f''(x_0) = \lim_{x \to x_0} \frac{f'(x) - f'(x_0)}{x - x_0} = \lim_{x \to x_0} \frac{f'(x)}{x - x_0} > 0,$$

由极限的局部保号性，在 $\overset{\circ}{U}(x_0)$ 恒有　$\dfrac{f'(x)}{x - x_0} > 0$，

当 $x < x_0$ 时 $f'(x_0) < 0$，当 $x > x_0$ 时 $f'(x_0) > 0$，

由定理 3.3 可知，$f(x_0)$ 为 $f(x)$ 的极小值.

（2）同理可证.

例 5　利用判定极值的第二充分条件，求函数 $y = x^3 - 3x + 1$ 的极值和极值点.

解　由例 4 在 $(-\infty, +\infty)$ 内，y 的驻点：$x_1 = -1, x_2 = 1$，

$$y'' = (3x^2 - 3)' = 6x,$$

由于　$y''|_{x=-1} = -6 < 0, x_1 = -1$ 为 y 的极大值点，极大值为 $f(-1) = 3$，

$y''|_{x=1} = 6 > 0, x_2 = 1$ 为 y 的极小值点，极小值为 $f(1) = -1$.

3.1.3　函数的最值

最大值或最小值是函数在所讨论定义区间上函数的最大者或最小者，是全局性特征. 下面就两种情形讨论.

（1）如果 $f(x)$ 在 $[a,b]$ 上连续，则必定能取得最大值与最小值.

最大值和最小值只可能在驻点、不可导点以及端点 $x = a, x = b$ 处取得. 计算这些点的函数值并比较，其中最大者就是 $f(x)$ 在 $[a,b]$ 上的最大值，而最小者就是 $f(x)$ 在 $[a,b]$ 上的最小值.

（2）如果 $f(x)$ 在 $[a,b]$ 上连续，在 (a,b) 内可导，若 $f(x)$ 在 (a,b) 内有且仅有一个极大值，而无极小值，则此极大值即最大值. 若 $f(x)$ 在 (a,b) 内有且仅有一个极小值，而无极大值，则此极小值即最小值.

在实际问题中，如果能根据实际问题的意义，断定函数必定在所讨论的区间内取得最值，而且区间内仅有唯一的驻点或不可导点，则判定函数在该点处取得最值.

例 6　设 $f(x) = \dfrac{1}{3}x^3 - \dfrac{5}{2}x^2 + 4x$，求 $f(x)$ 在 $[-1,2]$ 上的最大值与最小值.

解　在 $[-1,2]$ 上，　$f'(x) = x^2 - 5x + 4 = (x-4)(x-1)$

令 $f'(x) = 0$，　得 $f(x)$ 的驻点 $x_1 = 1, x_2 = 4$，　（舍去 $x_2 = 4 \notin [-1,2]$），

计算得　$f(1) = \dfrac{11}{6}, f(-1) = -\dfrac{41}{6}, f(2) = \dfrac{2}{3}$.

可知在 $[-1,2]$ 上 $f(x)$ 的最大值为 $f(1) = \dfrac{11}{6}$；最小值为 $f(-1) = -\dfrac{41}{6}$.

例 7　欲建造面积为 $150 \ \mathrm{m}^2$ 的矩形场地的围墙，所用材料正面的造价是 6 元$/\mathrm{m}^2$，其余三面是 3 元$/\mathrm{m}^2$. 问场地的长、宽各为多少米时，才能使所用材料费最少？

解　设场地围墙的高为 h，正面边长 x，另一边长 $y = \dfrac{150}{x}$，$(x, h, y$ 均大于 0$)$

则四面围墙所使用材料的费用

$$f(x) = 6xh + 3(2yh) + 3xh = 9h\left(x + \frac{100}{x}\right),$$

$$f'(x) = 9h\left(1 - \frac{100}{x^2}\right),$$

令 $f'(x) = 0$,可得驻点 $x_1 = 10(x_2 = -10$ 舍去$)$.

由于驻点唯一,由实际意义可知,问题的最小值存在,因此场地正面长 10 m,侧面长 15 m 时,围墙所用材料费最小.

例 8(油井问题的解)

解　设水下输油管的长度为 x km,陆上输油管的长度为 y km$(x, y$ 均大于 $0)$,输油管的成本为 c.

$$c = 30x + 20y$$

而由勾股定理可得:

$$x = \sqrt{20^2 + (32 - y)^2} = \sqrt{400 + (32 - y)^2}$$

有

$$c = 30\sqrt{400 + (32 - y)^2} + 20y$$

则目标是求区间 $0 \leqslant y \leqslant 32$ 上 $c(y)$ 的最小值.

$$c' = 30 \cdot \frac{1}{2} \cdot \frac{2(32 - y)(-1)}{\sqrt{400 + (32 - y)^2}} + 20$$

$$= -30\frac{32 - y}{\sqrt{400 + (32 - y)^2}} + 20$$

令 $c' = 0$ 得

$$30(32 - y) = 20\sqrt{400 + (32 - y)^2}$$

$$y = 32 - 8\sqrt{5} \quad (y = 32 + 8\sqrt{5} \notin [0, 32] \text{ 舍去})$$

$$\approx 14$$

由于驻点唯一,由实际意义可知,问题的最小值存在.

$$c(14) \approx 1\,087.2$$

花费最小的连接成本为 1 087.2 万元,通过把水下输油管通到离炼油厂 14 km 的地方就能做到这点.

习题 3.1

1. 求下列函数的单调区间:

(1) $y = 3x^2 + 6x + 5$;

(2) $y = x - e^x$;

(3) $y = \dfrac{x^2}{1 + x}$;

(4) $y = 2x^2 - \ln x$.

2. 证明:当 $x > 0$ 时,$\ln(1 + x) > x - \dfrac{1}{2}x^2$.

3. 求下列函数的极值:

(1) $y = x^3 - 3x^2 - 9x + 5$;

(2) $y = (x - 3)^2(x - 2)$;

（3）$y = x + \sqrt{1-x}$；

（4）$y = \dfrac{2x}{1+x^2}$；

（5）$y = x^2 \mathrm{e}^{-x}$；

（6）$y = 2x - \ln(4x)^2$.

4. 求下列函数的单调区间与极值点：

（1）$y = x \ln x$；

（2）$y = \mathrm{e}^x + \mathrm{e}^{-x}$.

5. 求下列函数在给定区间上的最大值与最小值：

（1）$y = x + \sqrt{x}$，$[0,4]$；

（2）$y = \ln(x^2 + 1)$，$[-1,2]$.

6. 欲做一个底为正方形，容积为 108 m³ 的长方形开口容器，怎样做所用的材料最省？

7. 铁路线上 AB 段的距离为 100 km. 工厂 C 距 A 处 20 km，并且 AC 垂直于 AB. 为了运输需要，要在 AB 线上选定一点 D 向工厂修筑一条公路. 已知铁路每千米货运的运费与公路每千米货运的运费之比为 3:5. 为了使货物从供应站 B 运到工厂 C 的运费最省，问 D 点应选在何处？

3.2　微分中值定理和洛必达法则

本节介绍的微分中值定理在微积分理论和应用中占有重要地位.

3.2.1　微分中值定理

定理 3.5　罗尔定理　设函数 $f(x)$ 满足：

（1）闭区间 $[a,b]$ 上连续；

（2）开区间 (a,b) 内可导；

（3）$f(a) = f(b)$；

则至少存在一点 $\xi \in (a,b)$，使 $f'(\xi) = 0$.

几何意义：曲线弧段除端点外处处有不垂直于 x 轴的切线，且两个端点处的纵坐标相同，那么曲线上至少有一点，该点处曲线的切线平行于 x 轴. 如图 3.4 所示. 罗尔定理的条件是充分而非必要的，例如：

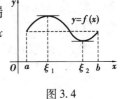

图 3.4

$f(x) = x^2$ 在 $[-1,2]$ 上，$f(-1) = 1 \neq f(2) = 4$，有 $\xi = 0$，使 $f'(\xi) = 0$.

罗尔定理中的三个条件必须同时满足，否则结论不一定成立. 例如：

$f(x) = \begin{cases} x & 0 \leqslant x < 1 \\ 0 & x = 1 \end{cases}$ 在 $[0,1]$ 上不连续，故不存在 $\xi \in (0,1)$，使 $f'(\xi) = 0$，如图 3.5（a）所示；

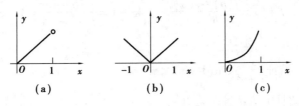

（a）　　　　　（b）　　　　　（c）

图 3.5

$f(x) = |x|$ 在 $(-1,1)$ 内有不可导的点，故不存在 $\xi \in (-1,1)$，使 $f'(\xi) = 0$，如图 3.5（b）所示；

$f(x) = x^2$ 在 $[0,1]$ 上, $f(0) = 0 \neq f(1) = 1$, 不存在 $\xi \in (0,1)$, 使 $f'(\xi) = 0$, 如图 3.5(c) 所示.

例1 下列函数在给定区间上满足罗尔定理条件的有( ).

A. $f(x) = \dfrac{1}{x}, x \in [-2,0]$ B. $f(x) = (x-1)^2, x \in [2,4]$

C. $f(x) = \sin x, x \in \left[-\dfrac{3\pi}{2}, \dfrac{\pi}{2}\right]$ D. $f(x) = |x|, x \in [-1,1]$

分析: 对于 $f(x) = \dfrac{1}{x}$ 在 $[-2,0]$ 上不满足连续的条件,故排除 A.

对于 $f(x) = (x-1)^2$, 在 $[2,4]$ 上 $f(2) = 1 \neq f(4) = 9$, 故排除 B.

对于 $f(x) = |x|$, 在 $(-1,1)$ 内不可导,故排除 D.

对于 $f(x) = \sin x$, 在 $\left[-\dfrac{3\pi}{2}, \dfrac{\pi}{2}\right]$ 上连续;在 $\left(-\dfrac{3\pi}{2}, \dfrac{\pi}{2}\right)$ 内可导; $f\left(-\dfrac{3\pi}{2}\right) = 1 = f\left(\dfrac{\pi}{2}\right)$. 应选 C.

定理 3.6 拉格朗日中值定理 设函数 $f(x)$ 满足:

(1)闭区间 $[a,b]$ 上连续,(2)开区间 (a,b) 内可导,则至少存在一点 $\xi \in (a,b)$, 使

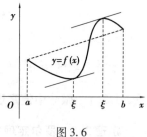

$$f'(\xi) = \frac{f(b) - f(a)}{b - a} \quad \text{或} \quad f(b) - f(a) = f'(\xi)(b - a).$$

图 3.6 曲线旋转后切线与两个端点连线的平行关系是不变,这说明罗尔定理是拉格朗日定理的特例.

图 3.6

几何意义: 曲线弧段除端点外处处有不垂直于 x 轴的切线,那么在曲线上至少有一点,该点处曲线的切线平行于过曲线弧两个端点的弦线. 如图 3.6 所示.

物理解释: 把数 $\dfrac{f(b) - f(a)}{b - a}$ 设想为 f 在 $[a,b]$ 上的平均变化率,而 $f'(\xi)$ 是 f 在 $x = \xi$ 的瞬时变化率. 拉格朗日中值定理是说,在 $[a,b]$ 的某个点处的瞬时变化率一定等于整个区间上的平均变化率.

例2 函数 $f(x) = 2x^2 - x + 1$ 在 $[-1,3]$ 上满足拉格朗日中值定理的 $\xi = ($).

A. $-\dfrac{3}{4}$ B. 0 C. $\dfrac{3}{4}$ D. 1

分析 由于 $f(x)$ 在 $[-1,3]$ 上满足拉格朗日中值定理条件,必定存在 $\xi \in (-1,3)$,

而 $$f'(x) = 4x - 1, \quad f(b) = f(3) = 16, \quad f(a) = f(-1) = 4$$

使 $$f'(\xi) = \frac{f(b) - f(a)}{b - a} \quad 4\xi - 1 = \frac{16 - 4}{3 - (-1)} = 3$$

解得 $\xi = 1$.   应选 D.

例3 当 $x > 0$ 时,试证 $\dfrac{x}{1+x} < \ln(1+x) < x$.

分析 利用拉格朗日中值定理结论 $f(b) - f(a) = f'(\xi)(b - a)$ 证明不等式. 需要正确选取 $f(x)$ 和 $[a,b]$. 由题意取 $a = 0, b = x$, 有 $b - a = x$;令 $f(t) = \ln(1 + t)$, 有

$$f(b) - f(a) = \ln(1 + x) - \ln(1 + 0) = \ln(1 + x)$$

证明　在区间 $[0,x]$ 上，$f(t) = \ln(1+t)$ 满足拉格朗日中值定理，必定存在一点 $\xi \in (0,x)$，

使得
$$f(x) - f(0) = f'(\xi)(x-0)$$

由于
$$f(x) - f(0) = \ln(1+x), \quad f'(\xi) = \frac{1}{1+\xi},$$

有
$$\ln(1+x) = \frac{1}{1+\xi}x$$

由于 $0 < \xi < x$
$$\frac{1}{1+x} < \frac{1}{1+\xi} < 1$$

故
$$\frac{x}{1+x} < \ln(1+x) < x.$$

说明　本例亦可化不等式 $\dfrac{1}{1+x} < \dfrac{\ln(1+x)}{x} < 1$ 利用拉格朗日中值定理证明.

由拉格朗日中值定理得以下推论：

推论 1　导数为零的函数一定是常数函数

若在 (a,b) 内每一点上 $f'(x) = 0$，则 $f(x) = C$，其中 C 为任意常数.

推论 2　在区间上具有相同导函数的函数互相差一个常数

若在 (a,b) 内恒有 $f'(x) = g'(x)$，则 $f(x) = g(x) + C$，其中 C 为任意常数.

推论 3　设函数 $f(x)$ 在 (a,b) 内可导，则有

(1) 如果在 (a,b) 内 $f'(x) > 0$，则函数 $f(x)$ 在 (a,b) 内单调增加.

(2) 如果在 (a,b) 内 $f'(x) < 0$，则函数 $f(x)$ 在 (a,b) 内单调减少.

(3) 如果在 (a,b) 内恒有 $f'(x) = 0$，则在 (a,b) 内 $f(x) = C$（C 为常数）.

证　在 (a,b) 上任取两点 x_1, x_2，不妨设 $x_1 < x_2$，有 $x_2 - x_1 > 0$，$f(x)$ 在 $[x_1, x_2]$ 上满足拉格朗日中值定理，至少存在一点 $\xi \in (x_1, x_2)$，使得
$$f(x_2) - f(x_1) = f'(\xi)(x_2 - x_1).$$

若 $f'(x) > 0$，$f'(\xi) > 0$，则 $f(x_2) - f(x_1) > 0$，即 $f(x_1) < f(x_2)$，所以 $f(x)$ 在 (a,b) 上单调增加.

(2)(3) 同理可证.

* 定理 3.7　柯西中值定理　设函数 $f(x)$ 与 $g(x)$ 满足：

(1) 在闭区间 $[a,b]$ 上连续，(2) 在开区间 (a,b) 内可导，(3) $g'(x) \neq 0$，则至少存在一点 $\xi \in (a,b)$，使
$$\frac{f'(\xi)}{g'(\xi)} = \frac{f(b) - f(a)}{g(b) - g(a)}.$$

3.2.2　洛必达法则

根据柯西中值定理推出求基本未定式 $\dfrac{0}{0}$ 或 $\dfrac{\infty}{\infty}$ 型极限的一种简便且重要的方法.

定理 3.8　如果 $f(x)$ 和 $g(x)$ 满足下列条件：

(1) $\lim\limits_{x \to a} f(x) = 0$，$\lim\limits_{x \to a} g(x) = 0$（或 ∞），

(2) 在点 a 的某邻域内（$x = a$ 可以除外）可导，且 $g'(x) \neq 0$，

(3) $\lim\limits_{x \to a} \dfrac{f'(x)}{g'(x)} = A$（或 ∞），

则
$$\lim_{x \to a}\frac{f(x)}{g(x)} = \lim_{x \to a}\frac{f'(x)}{g'(x)} = A(\text{或}\infty).$$

注意 对于 $x \to \infty$ 时的未定式 $\frac{0}{0}$ 或 $\frac{\infty}{\infty}$ 也有相应是洛必达法则,此法则求未定式的极限是通过对分子、分母分别求导 $\lim\frac{f(x)}{g(x)} = \lim\frac{f'(x)}{g'(x)}$.

例 4 求 $\lim\limits_{x \to 1}\dfrac{x^3 - 3x + 2}{x^3 - x^2 - x + 1}$.

解 所求极限为 $\frac{0}{0}$ 型未定式

$$\lim_{x \to 1}\frac{x^3 - 3x + 2}{x^3 - x^2 - x + 1} \overset{\frac{0}{0}}{=} \lim_{x \to 1}\frac{(x^3 - 3x + 2)'}{(x^3 - x^2 - x + 1)'} = \lim_{x \to 1}\frac{3x^2 - 3}{3x^2 - 2x - 1}$$

仍是一个 $\frac{0}{0}$ 型未定式,再次使用洛必达法则有

$$\text{原式} \overset{\frac{0}{0}}{=} \lim_{x \to 1}\frac{(3x^2 - 3)'}{(3x^2 - 2x - 1)'} = \lim_{x \to 1}\frac{6x}{6x - 2} = \frac{3}{2}.$$

例 5 求 $\lim\limits_{x \to 0^+}\dfrac{\ln \sin x}{\ln x}$.

解 所求极限为 $\frac{\infty}{\infty}$ 型未定式

$$\lim_{x \to 0^+}\frac{\ln \sin x}{\ln x} \overset{\frac{\infty}{\infty}}{=} \lim_{x \to 0^+}\frac{\frac{\cos x}{\sin x}}{\frac{1}{x}} = \lim_{x \to 0^+}\frac{x}{\sin x} \cdot \cos x = 1.$$

例 6 求 $\lim\limits_{x \to +\infty}\dfrac{e^x}{x}$.

解 所求极限为 $\frac{\infty}{\infty}$ 型未定式

$$\lim_{x \to +\infty}\frac{e^x}{x} \overset{\frac{\infty}{\infty}}{=} \lim_{x \to +\infty}\frac{e^x}{1} = \infty.$$

除了 $\frac{0}{0}$ 型和 $\frac{\infty}{\infty}$ 型未定式外,还有 $0 \cdot \infty$,$\infty - \infty$,0^0,1^∞,∞^0 型的未定式(这里 0、∞、1 均指极限). 这些未定式极限都能化为 $\frac{0}{0}$ 型或 $\frac{\infty}{\infty}$ 型未定式.

例 7 求 $\lim\limits_{x \to 0^+}x \ln x$.

解 所求极限为 $0 \cdot \infty$ 型,将其化为 $\frac{\infty}{\infty}$ 型计算简便些.

$$\lim_{x \to 0^+}x \ln x \overset{0 \cdot \infty}{=} \lim_{x \to 0^+}\frac{\ln x}{x^{-1}}$$

$$\overset{\frac{\infty}{\infty}}{=} \lim_{x \to 0^+}\frac{1}{x} \cdot \frac{1}{(-x^{-2})} = \lim_{x \to 0^+}(-x) = 0.$$

例 8 求 $\lim\limits_{x \to 1}\left(\dfrac{x}{x-1} - \dfrac{1}{\ln x}\right)$.

解 所求极限为 $\infty - \infty$ 型, 通分变形为 $\dfrac{0}{0}$ 型.

$$\lim_{x \to 1}\left(\frac{x}{x-1} - \frac{1}{\ln x}\right) \overset{\infty - \infty}{=} \lim_{x \to 1}\frac{x \ln x - (x-1)}{(x-1)\ln x}$$

$$\overset{\frac{0}{0}}{=} \lim_{x \to 1}\frac{\ln x + \dfrac{x}{x} - 1}{\ln x + (x-1)\dfrac{1}{x}} = \lim_{x \to 1}\frac{x \ln x}{x \ln x + x - 1}$$

$$\overset{\frac{0}{0}}{=} \lim_{x \to 1}\frac{\ln x + x \cdot \dfrac{1}{x}}{\ln x + x \cdot \dfrac{1}{x} + 1} = \lim_{x \to 1}\frac{1 + \ln x}{2 + \ln x} = \frac{1}{2}.$$

例 9 求 $\lim\limits_{x \to 0^+} x^x$.

解 所求极限为 0^0 型, 将所求极限变形.

$$\lim_{x \to 0^+} x^x = \lim_{x \to 0^+} e^{x \ln x} = e^{\lim\limits_{x \to 0^+} x \ln x}$$

由例 7
$$\lim_{x \to 0^+} x \ln x = 0$$

所以
$$\lim_{x \to 0^+} x^x = e^0 = 1.$$

例 10 求 $\lim\limits_{x \to 1} x^{\frac{1}{x-1}}$.

解 所求极限为 1^∞ 型, 将所求极限变形.

$$\lim_{x \to 1} x^{\frac{1}{x-1}} = \lim_{x \to 1} e^{\frac{\ln x}{x-1}} = e^{\lim\limits_{x \to 1}\frac{\ln x}{x-1}}$$

因为
$$\lim_{x \to 1}\frac{\ln x}{x-1} \overset{\frac{0}{0}}{=} \lim_{x \to 1}\frac{1}{x} = 1$$

所以
$$\lim_{x \to 1} x^{\frac{1}{x-1}} = e^1 = e.$$

例 11 求 $\lim\limits_{x \to +\infty} (x + e^x)^{\frac{1}{x}}$.

解 所求极限为 ∞^0 型, 将所求极限变形.

$$\lim_{x \to +\infty} (x + e^x)^{\frac{1}{x}} = \lim_{x \to +\infty} e^{\frac{1}{x}\ln(x + e^x)} = e^{\lim\limits_{x \to +\infty}\frac{\ln(x + e^x)}{x}}$$

因为
$$\lim_{x \to +\infty}\frac{\ln(x + e^x)}{x} \overset{\frac{\infty}{\infty}}{=} \lim_{x \to +\infty}\frac{1 + e^x}{x + e^x}$$

$$\overset{\frac{\infty}{\infty}}{=} \lim_{x \to +\infty}\frac{e^x}{1 + e^x} \overset{\frac{\infty}{\infty}}{=} \lim_{x \to +\infty}\frac{e^x}{e^x} = 1$$

所以
$$\lim_{x \to +\infty} (x + e^x)^{\frac{1}{x}} = e^1 = e.$$

例 12 求 $\lim\limits_{x \to 0}\dfrac{x^3 \cos x}{x - \sin x}$.

解 所求极限为 $\frac{0}{0}$ 型,注意到 $\lim\limits_{x\to 0}\cos x=1$,

$$\lim_{x\to 0}\frac{x^3\cos x}{x-\sin x}=\lim_{x\to 0}\frac{x^3}{x-\sin x}\xlongequal{\frac{0}{0}}\lim_{x\to 0}\frac{3x^2}{1-\cos x}\xlongequal{\frac{0}{0}}\lim_{x\to 0}\frac{6x}{\sin x}=6.$$

说明 极限式中含有非零极限因子,应先求出极限,再用洛必达法则,可以简化运算.

例 13 求极限 $\lim\limits_{x\to 0}\dfrac{\ln(1+2x)}{\sin 3x}$.

解 所求极限为 $\frac{0}{0}$ 型,可以用洛必达法则计算(读者自行完成).

注意到 $x\to 0$, $\ln(1+2x)\sim 2x$, $\sin 3x\sim 3x$. 利用等价无穷小代换得

$$\lim_{x\to 0}\frac{\ln(1+2x)}{\sin 3x}=\lim_{x\to 0}\frac{2x}{3x}=\frac{2}{3}.$$

洛必达法则是计算未定式极限的有效方法,但必须注意,只有符合法则的条件时,才能使用法则;而且洛必达法则并非万能,法则与其他求极限的方法结合应用,能够简化运算过程.

例 14 求极限 $\lim\limits_{x\to\infty}\dfrac{x+\cos x}{x+\sin x}$.

解 所求极限虽然是 $\dfrac{\infty}{\infty}$ 型,

因为 $\lim\limits_{x\to\infty}\dfrac{f'(x)}{g'(x)}=\lim\limits_{x\to\infty}\dfrac{1-\sin x}{1+\cos x}$ 不存在,洛必达法则不能使用.

利用有界变量乘无穷小量仍然是无穷小量,

有
$$\lim_{x\to\infty}\frac{x+\cos x}{x+\sin x}=\lim_{x\to\infty}\frac{1+\dfrac{1}{x}\cos x}{1+\dfrac{1}{x}\sin x}=1.$$

习题 3.2

1. 下列函数在给定区间上是否满足罗尔定理的所有条件? 如满足,请求出定理中的数值 ξ.

(1) $f(x)=2x^2-x-3$, $[-1,1.5]$;

(2) $f(x)=\dfrac{1}{1+x^2}$, $[-2,2]$;

(3) $f(x)=x\sqrt{3-x}$, $[0,3]$;

(4) $f(x)=e^{x^2}-1$, $[-1,1]$.

2. 下列函数在给定区间上是否满足拉格朗日定理的条件? 如满足求出定理中的数值 ξ.

(1) $f(x)=x^3$, $[0,a]$ $(a>0)$;

(2) $f(x)=\ln x$, $[1,2]$;

(3) $f(x)=x^3-5x^2+x-2$, $[-1,0]$.

3. 证明不等式:(1) $|\sin x_2-\sin x_1|\leqslant|x_2-x_1|$;

（2）若 $0 < a < b$，证明 $\dfrac{b-a}{a} < \ln\dfrac{b}{a} < \dfrac{b-a}{a}$.

4. 证明：（1）$\arcsin x + \arccos x = \dfrac{\pi}{2}$；

（2）当 $x > 0$ 时，$\arctan x + \arctan\dfrac{1}{x} = \dfrac{\pi}{2}$.

5. 利用洛必达法则求下列极限：

（1）$\lim\limits_{x\to 0}\dfrac{e^x - e^{-x}}{x}$；

（2）$\lim\limits_{x\to 1}\dfrac{\ln x}{x-1}$；

（3）$\lim\limits_{x\to 1}\dfrac{x^3 - 3x^2 + 2}{x^3 - x^2 - x + 1}$；

（4）$\lim\limits_{x\to \pi}\dfrac{\sin 2x}{\pi - x}$；

（5）$\lim\limits_{x\to +\infty}\dfrac{x^n}{e^{ax}}$（$a > 0$，$n$ 为正整数）；

（6）$\lim\limits_{x\to \frac{\pi}{2}^+}\dfrac{\ln\left(x - \dfrac{\pi}{2}\right)}{\tan x}$；

（7）$\lim\limits_{x\to \frac{\pi}{2}^+}\left(x - \dfrac{\pi}{2}\right)\tan x$；

（8）$\lim\limits_{x\to 0}\left(\dfrac{1}{x} - \dfrac{1}{e^x - 1}\right)$；

（9）$\lim\limits_{x\to 0^+}\left(\ln\dfrac{1}{x}\right)^x$；

（10）$\lim\limits_{x\to 0^+}x^{\sin x}$.

3.3　函数图形的描绘

借助函数的导数，可以确定函数的哪些特性？当沿图形往前走时他是上升还是下降同时图形是怎么弯曲的. 知道了函数图形的升降等特征后，也就可以掌握函数的性态，并把函数的图形画得比较准确.

3.3.1　曲线的凹凸性

函数 $y = x^2$ 与 $y = \sqrt{x}$ 在 $[0,1]$ 上都是单调增，描绘函数的曲线弯曲的形状却不同（图 3.7）. 本节将利用导数判别函数曲线的弯曲形状，对于准确描绘函数图像是非常必要的.

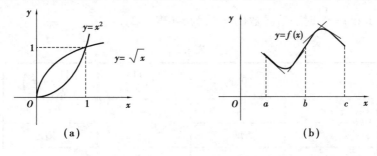

图 3.7

定义 3.2　设函数 $y = f(x)$ 在 $[a,b]$ 上连续，在 (a,b) 内可导. 若对于任意的 $x_0 \in (a,b)$，曲线弧 $f(x)$ 过点 $(x_0, f(x_0))$ 的切线

（1）总位于曲线弧 $f(x)$ 的下方，则称曲线弧 $y = f(x)$ 在 $[a,b]$ 上为凹的；

(2)总位于曲线弧 $f(x)$ 的上方,则称曲线弧 $y = f(x)$ 在 $[a,b]$ 上为凸的.

定理 3.9(曲线弧凹凸性的判定法) 设函数 $y = f(x)$ 在 $[a,b]$ 上连续,在 (a,b) 内二阶可导

(1)若在 (a,b) 内 $f''(x) > 0$,则曲线弧 $y = f(x)$ 在 $[a,b]$ 上为凹的;

(2)若在 (a,b) 内 $f''(x) < 0$,则曲线弧 $y = f(x)$ 在 $[a,b]$ 上为凸的.

例1 判定曲线弧 $y = x^3$ 的凹凸性.

解 所给曲线在 $(-\infty, +\infty)$ 内为连续曲线弧.

由于
$$y' = (x^3)' = 3x^2 \qquad y'' = (3x^2)' = 6x$$
令
$$y'' = 0,\ 得\ x = 0$$

因此 当 $x < 0$ 时,$y'' < 0$,可知曲线弧 $y = x^3$ 在 $(-\infty, 0)$ 上是凸的.

当 $x > 0$ 时,$y'' > 0$,可知曲线弧 $y = x^3$ 在 $(0, +\infty)$ 上是凹的.

例2 判定曲线弧 $y = x \arctan x$ 的凹凸性.

解 所给曲线在 $(-\infty, +\infty)$ 内为连续曲线弧.

由于
$$y' = \arctan x + \frac{x}{1+x^2},$$

$$y'' = \frac{1}{1+x^2} + \frac{(1+x^2) - x \cdot 2x}{(1+x^2)^2} = \frac{2}{(1+x^2)^2} > 0,$$

可知曲线弧 $y = x \arctan x$ 在 $(-\infty, +\infty)$ 内为凹的.

3.3.2 拐点

连续曲线弧上的凹弧与凸弧的分界点,称为该曲线弧的**拐点**.

例3 (**研究沿直线的运动**)位置函数为 $s(t) = 2t^3 - 14t^2 + 22t - 5$, $t \geq 0$ 的质点沿水平直线运动. 求质点的速度和加速度,并描述质点的运动.

解 速度为
$$v(t) = s'(t) = 6t^2 - 28t + 22 = 2(t-1)(3t-11)$$
加速度为
$$a(t) = v'(t) = s''(t) = 12t - 28 = 4(3t - 7)$$

当函数 $s(t)$ 增加时,质点向右运动;当 $s(t)$ 减少时,质点向左运动.

注意到 $t = 1$ 和 $t = \frac{11}{3}$ 时一阶导数 $(v = s')$ 为零(表 3.2).

表 3.2

t	$(0,1)$	$\left(1, \dfrac{11}{3}\right)$	$\left(\dfrac{11}{3}, +\infty\right)$
$v = s'$	+	−	+
s	增	减	增
质点运动	向右	向左	向右

质点在时间区间 $[0,1)$ 和 $\left(\dfrac{11}{3}, +\infty\right)$ 上向右运动,而在 $\left(1, \dfrac{11}{3}\right)$ 上向左运动.

当 $t = \dfrac{7}{3}$ 时加速度 $a(t) = v'(t) = s''(t) = 4(3t - 7)$ 为零.

在时间区间 $\left[0, \dfrac{7}{3}\right]$ 内加速度指向左,在 $t = \dfrac{7}{3}$ 加速度瞬时为零,此后加速度指向右(表3.3).

表3.3

t	$\left(0, \dfrac{7}{3}\right)$	$\left(\dfrac{7}{3}, +\infty\right)$
$a = s''$	−	+
s	凸	凹

3.3.3 函数图形的描绘

通过函数各种性态的研究学习,确定函数的定义域、奇偶性、周期性、函数的单调区间和极值、凹凸区间和拐点、渐近线,以及一些特殊点,对曲线图形的全面掌握就能比较准确地描绘函数的图形. 描绘函数 $y = f(x)$ 图形一般步骤如下:

(1)确定函数的定义域、奇偶性与周期性;

(2)求出使得 $f'(x) = 0$,$f''(x) = 0$ 的点及 $f'(x)$,$f''(x)$ 不存在的点;

(3)列表确定函数的单调区间与极值、曲线的凹凸区间与拐点;

(4)求曲线的渐近线;

(5)描绘几个特殊的点,如极值点、拐点及曲线与坐标轴的交点;

(6)用光滑线条描绘出函数图形.

例4 作函数 $y = x^3 - 6x^2 + 9x - 2$ 的图形.

解 函数的定义域为 $(-\infty, +\infty)$,是连续的非奇非偶函数,非周期函数.

$$y' = 3x^2 - 12x + 9 = 3(x-1)(x-3).$$

令 $y' = 0$,可得驻点 $x_1 = 1$,$x_2 = 3$.

$$y'' = 6x - 12 = 6(x-2).$$

令 $y'' = 0$,得 $x = 2$.

列表(表3.4)讨论:

表3.4

x	$(-\infty, 1)$	1	$(1,2)$	2	$(2,3)$	3	$(3, +\infty)$
y'	+	0	−	−3	−	0	+
y''	−		−	0	+		+
y	↗凸	2 极大	↘凸	拐点(2,0)	↘凹	−2 极小	↗凹

所给函数图形无渐近线. 再补充点 $(0, -2)$. 描绘函数图形,如图3.8所示.

例5 作函数 $y = \varphi(x) = e^{-\frac{1}{2}x^2}$ 的图形.

解 函数的定义域为$(-\infty, +\infty)$,偶函数,$y(0) = 1$最(极)大值,故只需在区间$(0, +\infty)$上进行讨论.

因为$\lim\limits_{x \to \infty} e^{-\frac{1}{2}x^2} = 0$,故有水平渐近线$y = 0$. 无铅直渐近线,无斜渐近线.

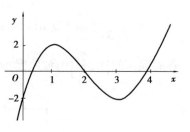

图 3.8

$y' = -xe^{-\frac{1}{2}x^2}$,令$y' = 0$,得$x = 0$,

$y'' = (x^2 - 1)e^{-\frac{1}{2}x^2}$,令$y'' = 0$,得$x = \pm 1$.

列表(表3.5)讨论如下:

表3.5

x	$(-\infty, -1)$	-1	$(-1, 0)$	0	$(0, 1)$	1	$(1, +\infty)$
y'	$+$		$+$		$-$		$-$
y''	$+$	0	$-$		$-$	0	$+$
y	↗凹	拐点	↗凸	极大值	↘凸	拐点	↘凹

根据上表得到的结果,由对称性绘图,渐近线$y = 0$;再在坐标系中标出三个点$(0, 1)$,拐点$\left(-1, \dfrac{1}{\sqrt{e}}\right)$、$\left(1, \dfrac{1}{\sqrt{e}}\right)$,作图3.9.

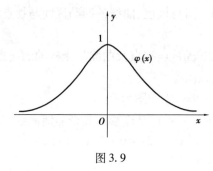

图 3.9

习题 3.3

1. 讨论下列曲线的凹凸性及拐点:

(1)$y = x^2 - x^3$;

(2)$y = x + \dfrac{1}{x}$;

(3)$y = \ln(1 + x^2)$;

(4)$y = \dfrac{2x}{1 + x^2}$;

(5)$y = e^{-x}$;

(6)$y = x^{\frac{1}{3}}$.

2. 若曲线$y = ax^3 + bx^2 + cx + d$在$x = 0$处有极值$y = 0$,点$(1, 1)$为拐点,求a, b, c, d的值.

3. 作下列函数的图形:

(1)$y = 3x - x^3$;

(2)$y = \dfrac{1}{1 + x^2}$;

（3）$y = x\mathrm{e}^{-x}$.

3.4　弧的微分与曲率

在工程技术与实践中，常常需要考虑曲线的弯曲程度. 由此引出了弧微分与曲率的概念.

3.4.1　弧的微分

在曲线弧 $y = f(x)$ 上取定点 $M_0(x_0, y_0)$ 作为度量弧长的起点，则 $y = f(x)$ 为有向曲线. 设 $M(x, y)$ 为有向曲线上任意一点，用 s 表示有向弧段 $\overset{\frown}{M_0M}$ 的值，记 $s = s(x) = \overset{\frown}{M_0M}$.

规定依 x 增大的方向为有向曲线的正向. 当弧 $\overset{\frown}{M_0M}$ 的方向与曲线正向相同时，$s(x) > 0$，反之 $s(x) < 0$. s 的绝对值等于有向弧的长度.

当自变量 x 取得增量 Δx 时，对应于曲线弧上点 N，如图 3.10 所示.

则点 M 取得弧长增量为　$\Delta s = \overset{\frown}{M_0N} - \overset{\frown}{M_0M} = \overset{\frown}{MN}$，

弦 $\overline{MN}$ 的长度　　　$|\overline{MN}| = \sqrt{(\Delta x)^2 + (\Delta y)^2}$

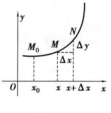

图 3.10

$$\frac{\Delta s}{\Delta x} = \frac{\overset{\frown}{MN}}{\Delta x} = \frac{\overset{\frown}{MN}}{|\overline{MN}|} \cdot \frac{|\overline{MN}|}{\Delta x}$$

$$= \frac{\overset{\frown}{MN}}{|\overline{MN}|} \frac{\sqrt{(\Delta x)^2 + (\Delta y)^2}}{\Delta x} = \frac{\overset{\frown}{MN}}{|\overline{MN}|} \sqrt{1 + \left(\frac{\Delta y}{\Delta x}\right)^2}　(*)$$

（弦 $\overline{MN}$ 与弧 $\overset{\frown}{MN}$ 有相同的正负号）

设函数 $y = f(x)$ 具有一阶连续导数，注意到当 $\Delta x \to 0$ 时，N 沿曲线弧趋于 M.

可以证明　　　　　　　　　　$\lim\limits_{\Delta x \to 0} \dfrac{\overset{\frown}{MN}}{|\overline{MN}|} = 1$

对（$*$）式两端取极限（$\Delta x \to 0$）

即得　　　$\dfrac{\mathrm{d}s}{\mathrm{d}x} = \lim\limits_{\Delta x \to 0}\dfrac{\Delta s}{\Delta x} = \lim\limits_{\Delta x \to 0}\dfrac{\overset{\frown}{MN}}{|\overline{MN}|}\sqrt{1 + \left(\dfrac{\Delta y}{\Delta x}\right)^2} = \sqrt{1 + \left(\dfrac{\mathrm{d}y}{\mathrm{d}x}\right)^2} = \sqrt{1 + y'^2}$，

从而　　　　　　　　　　　　$\mathrm{d}s = \sqrt{1 + y'^2}\,\mathrm{d}x$.

称 $\mathrm{d}s$ 为弧长 s 的微分，简称**弧微分**.

例 1　求曲线 $y = \sqrt{a^2 - x^2}\,(a > 0)$ 的弧微分.

解　当 $x \neq \pm a$ 时，有 $y' = \dfrac{-x}{\sqrt{a^2 - x^2}}$，

$$\mathrm{d}s = \sqrt{1 + y'^2}\,\mathrm{d}x = \sqrt{1 + \left(\frac{-x}{\sqrt{a^2 - x^2}}\right)^2}\,\mathrm{d}x = \frac{a}{\sqrt{a^2 - x^2}}\,\mathrm{d}x.$$

*3.4.2　曲率、曲率半径与曲率圆

弯曲的零部件和拐弯道路的设计,都需要考虑曲线的弯曲度. 由经验知,长度越长曲线的弯曲度越平缓,而相同长度的曲线弯曲度又与单位弧长上弯曲(凹凸)程度大小有关,可以用曲线的切线转角来描述,切线转角越大,弯曲度越大,反之越小. 曲线的弯曲程度称为**曲率**.

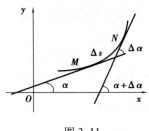

图 3.11

设曲线 $y = f(x)$ 上的一点 $M(x, y)$ 处切线倾角为 α,邻近点 $N(x + \Delta x, y + \Delta y)$ 处切线倾角为 $\alpha + \Delta\alpha$(如图 3.11),$\Delta\alpha$ 为切线转角,曲线弧 $\overset{\frown}{MN}$ 的长为 Δs,称 $\left|\dfrac{\Delta\alpha}{\Delta s}\right|$ 为曲线弧 $\overset{\frown}{MN}$ 的平均曲率. 当点 N 沿曲线趋于 M(即 $\Delta s \to 0$)时的极限来定义曲线弧在点 M 处的**曲率**,即如果

$$\lim_{\Delta x \to 0}\left|\frac{\Delta\alpha}{\Delta s}\right|$$

存在,就称其极限值为曲线弧在点 m 处的曲率. 记为 K,即

$$K = \lim_{\Delta x \to 0}\left|\frac{\Delta\alpha}{\Delta s}\right| = \left|\frac{\mathrm{d}\alpha}{\mathrm{d}s}\right|$$

设函数 $y = f(x)$ 具有二阶导数,曲线 $y = f(x)$ 在点 $M(x, y)$ 处切线的倾角 α 满足

$$y' = \tan\alpha \qquad \alpha = \arctan y'$$

有

$$\mathrm{d}\alpha = \frac{1}{1 + y'^2}y''\mathrm{d}x$$

而弧长的微分

$$\mathrm{d}s = \sqrt{1 + y'^2}\,\mathrm{d}x,$$

因此,曲线 $y = f(x)$ 在点 $M(x, f(x))$ 处的曲率为

$$K = \left|\frac{\mathrm{d}\alpha}{\mathrm{d}s}\right| = \frac{|y''|}{(1 + y'^2)^{3/2}}.$$

例 2　求圆周 $(x - a)^2 + (y - b)^2 = R^2$ 上任意一点处的曲率.

解　设 $M(x, y)$ 为圆周的任意一点,则由平面几何知识可知 $\Delta s = R\Delta\alpha$.

因此

$$K = \lim_{\Delta s \to 0}\left|\frac{\Delta\alpha}{\Delta s}\right| = \lim_{\Delta s \to 0}\frac{1}{R} = \frac{1}{R}.$$

即圆周上各点处的曲率相同,皆等于该圆半径的倒数.

如果曲线 $y = f(x)$ 上点 $M(x, y)$ 处的曲率 $K \neq 0$,则称曲率 K 的倒数为曲线在点 M 处的曲率半径. 记为 R,即 $R = \dfrac{1}{K} = \dfrac{(1 + y'^2)^{3/2}}{|y''|}$.

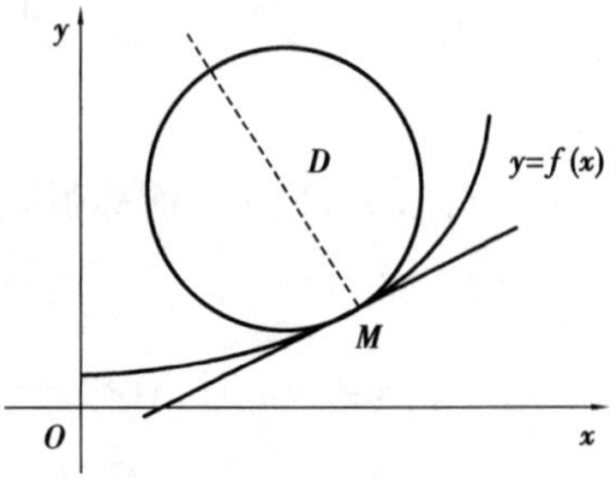

设 $K \neq 0$,过曲线 $y = f(x)$ 上点 $M(x, y)$ 作曲线的法线,如图 3.12 所示. 在法线上沿曲线凹向的一侧取点 D,使 $|MD| = \dfrac{1}{K} = R$,以 D 为圆心,以 $R = \dfrac{1}{K}$ 为半径作圆,则称此

图 3.12

圆为曲线 $y = f(x)$ 在点 M 处的**曲率圆**,称 D 为曲线 $y = f(x)$ 在点 M 处的**曲率中心**.

在点 M 处曲率圆与曲线 $y = f(x)$ 相切、有相同的曲率、凹向相同.

习题 3.4

1. 求曲线 $y = x^2$ 的弧微分.

2. 计算曲线 $y = x^3$ 在点 $(-1, -1,)$ 处的曲率.

3.5　建模和最优化

3.5.1　来自工业的例子

例 1(高效油罐的设计)　你被要求设计一个容量为 1 L,形状如直圆柱的油罐. 什么样的尺寸用的材料最少?

解　罐的体积:如果 r 和 h 都以 cm 计,那么以 cm^3 计的体积为

$$\pi r^2 h = 1\,000 \qquad 1\ L = 1\,000\ cm^2$$

罐的表面积:$A = 2\pi r^2 + 2\pi rh$

模型　为把表面积表示为单个变量的函数,我们从 $\pi r^2 h = 1\,000$ 中解出一个变量并代入表面积的表示式. 解出 h 比较容易一点:

$$h = \frac{1\,000}{\pi r^2}$$

因此

$$
\begin{aligned}
A &= 2\pi r^2 + 2\pi rh \\
&= 2\pi r^2 + 2\pi r \left(\frac{1\,000}{\pi r^2} \right) \\
&= 2\pi r^2 + \frac{2\,000}{r}
\end{aligned}
$$

解析地求解　我们的目标是求使 A 的值最小的 $r > 0$.

因为对 $r > 0$(一个没有端点的区间)A 可微,因此只能在一阶导数为零的 r 值处取到最小值.

$$\frac{dA}{dr} = 4\pi r - \frac{2\,000}{r^2}$$

令 $\dfrac{dA}{dr} = 0$,则 $4\pi r - \dfrac{2\,000}{r^2} = 0$

解出

$$r = \sqrt[3]{\frac{500}{\pi}} \approx 5.42$$

如果 A 的定义域是一闭区间,我们可以通过求在驻点和端点处 A 的值并进行比较来求得最小值. 但现在 A 的定义域是一开区间. 所以我们必须知道在 $r = \sqrt[3]{\dfrac{500}{\pi}}$ 处 A 的图形的形状是什么样的. 二阶导数

$$\frac{\mathrm{d}^2 A}{\mathrm{d}r^2} = 4\pi + \frac{4\ 000}{r^3}$$

在整个 A 的定义域上为正. 所以 A 的图形是凹的,从而 A 在 $r = \sqrt[3]{\dfrac{500}{\pi}}$ 处的值是绝对最小值.

相应的 h 值为

$$h = \frac{1\ 000}{\pi r^2} = 2\sqrt[3]{\frac{500}{\pi}} = 2r$$

解释 所以材料最省的容积为 1 L 的罐的尺寸是使高等于直径,其中 $r \approx 5.42$ cm 而 $h \approx 10.84$ cm.

例2 有一块等腰直角三角形的钢板,斜边长为 a,欲从这块钢板上割下一矩形钢板,使其表面积最大,要求以斜边为矩形的一条边,问如何截取?

解 如图 3.13 所示,设 $MN = a,BC = x$,则 $CN = \dfrac{1}{2}(a - x) = CD$,则矩形 $ABCD$ 的面积为

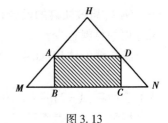

图 3.13

$$S(x) = \frac{1}{2}(a - x)x$$

$$S'(x) = \frac{1}{2}a - x$$

令 $S'(x) = 0$,得 $x = \dfrac{1}{2}a$ 是唯一驻点,又 $S''\left(\dfrac{1}{2}a\right) = -1$,所以 $S\left(\dfrac{1}{2}a\right) = \dfrac{a^2}{8}$ 是最大值.

故矩形边长 $BC = \dfrac{1}{2}a,CD = \dfrac{1}{4}a$ 时,钢板面积最大.

例3 将一条长为 l 的铁丝分成两段,分别构成圆形和正方形. 若将它们的面积分别记作 S_1 和 S_2. 试证明:当 $S_1 + S_2$ 最小时,$\dfrac{S_1}{S_2} = \dfrac{\pi}{4}$.

证明 设构成圆形的铁丝长度为 x,则构成正方形的铁丝长度为 $l - x, x \in (0, l)$

若圆的半径为 r,正方形的边长为 a,则 $2\pi r = x, 4a = l - x$,

因而, $$r = \frac{x}{2\pi}, a = \frac{l - x}{4},$$

得面积之和 $$f(x) = S_1 + S_2 = \pi\left(\frac{x}{2\pi}\right)^2 + \left(\frac{l - x}{4}\right)^2 = \frac{x^2}{4\pi} + \frac{(l - x)^2}{16}.$$

由于 $$f'(x) = \frac{x}{2\pi} - \frac{l - x}{8},$$

令 $f'(x) = 0$,得唯一驻点 $x = \dfrac{\pi}{4 + \pi}l$,

由实际问题,最小值一定存在,所以当 $x = \dfrac{\pi}{4 + \pi}l$ 时,$f(x) = S_1 + S_2$ 取得最小值,

有 $$S_1 = \pi\left(\frac{x}{2\pi}\right)^2 = \frac{\pi}{4(4 + \pi)^2}l^2, S_2 = \left(\frac{l - x}{4}\right)^2 = \frac{1}{(4 + \pi)^2}l^2,$$

从而 $$\frac{S_1}{S_2} = \frac{\pi}{4}.$$

3.5.2　来自经济学的例子

以下我们要指出微积分在经济理论的应用中的另外两个方面. 第一个是求解最大利润的问题. 第二个是有关最小平均成本的问题.

假设

$$r(x) = 卖出\ x\ 件产品的收入$$
$$c(x) = 生产这\ x\ 件产品的成本$$
$$P(x) = r(x) - c(x) = 卖出\ x\ 件产品的利润$$

在这个生产水平（x 件产品）上的边际收入、边际成本和边际利润为

$$\frac{dr}{dx} = 边际收入 \qquad \frac{dc}{dx} = 边际成本 \qquad \frac{dp}{dx} = 边际利润$$

第一个结果是关于 p 和这些导数的关系的.

定理 3.10　最大利润　在给出最大利润的生产水平上，边际收入等于边际成本.

例 4（极大化利润）　假设 $r(x) = 9x$ 而 $c(x) = x^3 - 6x^2 + 15x$ 其中 x 表示千件产品. 是否存在一个能最大化利润的生产水平？ 如果存在的话，它是什么？

解　注意到 $r'(x) = 9$ 而 $c'(x) = 3x^2 - 12x + 15$.

令 $r'(x) = c'(x)$ 　　　$3x^2 - 12x + 15 = 9$
$$3x^2 - 12x + 6 = 0$$

这个二次方程的两个解为

$$x_1 = \frac{12 - \sqrt{72}}{6} = 2 - \sqrt{2} \approx 0.586 \qquad x_2 = \frac{12 + \sqrt{72}}{6} = 2 + \sqrt{2} \approx 3.414$$

可能使利润最大的产品的水平为 $x \approx 0.586$ 千件或 $x \approx 3.414$ 千件.

例 5（极小化成本）　家具厂利用原材料制作 5 件沙发, 这种特定的外来的木材的运送成本是 5 000 元, 而贮存每个单位木材的贮存成本为每天 10 元, 这里的单位材料指的是厂家制作一件沙发所需的原材料的量. 为使厂家在两次运送期间的制作周期内平均的每天成本最小, 每次应该订多少原材料以及多长时间订一次货？

解　模型　如果厂家要求每 x 天送一次货, 那么为在运送周期内有足够的原材料, 厂家必须订 $5x$ 单位材料. 平均贮存量大约为运送数量的一半, 即 $5x/2$. 因此每个运送中期内的运送和贮存成本大约为

$$每个周期的成本 = 运送成本 + 贮存成本$$
$$每个周期的成本 = 5\ 000 + (5x/2)10x$$

我们通常把每个周期的成本除以该周期的天数算得每天的平均成本 $c(x)$

$$c(x) = \frac{5\ 000}{x} + 25x, x > 0$$

当 $x \to 0$ 和 $x \to \infty$ 时每天的平均成本变大. 所以我们预期最小值是存在的. 我们的目的是要确定能给出绝对最小值成本的两次运送之间的天数.

令 $c'(x) = \dfrac{5\ 000}{x^2} + 25 = 0$

$$x = \pm \sqrt{200} \approx \pm 14.14$$

两个驻点中,只有 $\sqrt{200}$ 是在 $c(x)$ 的定义域内. 每天的平均成本在驻点处的值为

$$c(\sqrt{200}) = \frac{5\,000}{\sqrt{200}} + 25\sqrt{200} = 500\sqrt{2} \approx 707.11(元)$$

我们要指出,$c(x)$ 定义在开区间 $(0,\infty)$ 上,其二阶导数 $c''(x) = \frac{5\,000}{x^3} > 0$. 因此在 $x = \sqrt{200} \approx$ 14.14 天处取到绝对最小值.

解释 为了制作此种沙发,厂家应该安排每隔 14 天运送外来的木材 $5 \times 14 = 70$ 单位材料.

实验3 MATLAB 软件条件,循环语句

数学大师介绍

实验目的

了解 MATLAB 软件条件,循环语句,学会 MATLAB 软件循环语句的一些基本操作.
1. 掌握利用 if 语句实现条件选择的方法.
2. 掌握利用 for 语句实现循环结构的方法.
3. 掌握利用 while 语句实现循环结构的方法.

实验内容

一、选择、循环结构
1. if 语句
格式 1:
if 表达式
语句组
end
功能:
若表达式值的实部或值为真,则执行语句组.
格式 2:
if 表达式
语句组 1
else
语句组 2
end
功能:
若表达式值实部非 0 或值为真,则执行语句组 1,否则执行语句组 2.
举例 if i == 1
b = 0;
else

b = 1；

end

就是 i = 1 的条件下执行 b = 0 的语句,否则内执行 b = 1 的语句.

2. for 循环

在 for 和 end 语句之间的 {commands} 按数组中的每一列执行一次. 在每一次迭代中,x 被指定为数组的下一列,即在第 n 次循环中,x = array(:, n).

for 语句

格式 1：

for　变量 = 初值:增量:终值

语句组　　　　　　% 循环体

end

其中：

"增量"若省略时,增量值取为 1.

功能：

表示对于变量从初值直到终值,每次变化一个增量的每一个值都执行语句组一次.

如：

for　n = 1:100

  x(n) = sin(n * pi/100)；

end

本格式的 for 语句用于执行一定次数的循环.

格式 2：

for　变量 = 数组名

　　语句组　　　% 循环体

end

功能：

每次循环时取数组的下一列元素(第一次循环时取第 1 列元素)赋给变量(故变量本身成为数组),然后执行语句组,直到数组的全体列都取完为止.

3. while 循环

只要在表达式里的所有元素为真,就执行 while 和 end 语句之间的 {commands}. 通常,表达式的求值给出一个标量值,但数组值也同样有效. 在数组情况下,所得到数组的所有元素必须都为真.

while 语句

格式：

while　表达式

语句组

end

当表达式的值为真或其实部为非 0,重复执行语句组(循环体),直到表达式的值为 0 或其实部为 0.

注意:表达式为数组时全部非 0 才为真.

示例1 分别用 for 循环和 while 循环计算数字 1 到 100 的平方和并将结果输出 for 循环,建立 m 文件编写以下命令,保存后运行

```
clear all
sm = 0;
for i = 1:100
sm = sm + i * i;
end
disp(['和为',num2str(sm)])
```

运行后,输出

和为 338350

While 循环,建立 m 文件编写以下命令,保存后运行

```
clear all
sm = 0;i = 1;
while i <= 100
sm = sm + i * i;
i = i + 1;
end
disp(['和为',num2str(sm)])
```

运行后,输出

和为 338350

二、循环嵌套语句应用实例

示例2 编写测试数据 m 文件,保存后运行

% 测试数据 randperm(n)将数组 1 到 n 随机打乱顺序重新排序,randperm(n) + 1 每个数加 1

```
A = [randperm(19) randperm(19) + 1]
c = 0;  % 计数器
for i = 1:19
  for j = 20:38
    if A(i) == A(j)
      c = c + 1;
      fprintf('%2i: A(%i) = A(%i) \n',c,i,j)
    end
  end
end
```

输出结果为

A =

Columns 1 through 23

6　　　3　　　16　　　11　　　7　　　17　　　14　　　8　　　5　　　19　　　15　　　1　　　2　　　4

18　　13　　　9　　　10　　　12　　　14　　　4　　　16　　　17

Columns 24 through 38

12　　　15　　　20　　　10　　　11　　　3　　　7　　　19　　　13　　　9　　　8　　　18　　　5　　　6

2

1：A(1) = A(37)

2：A(2) = A(29)

3：A(3) = A(22)

4：A(4) = A(28)

5：A(5) = A(30)

6：A(6) = A(23)

7：A(7) = A(20)

8：A(8) = A(34)

9：A(9) = A(36)

10：A(10) = A(31)

11：A(11) = A(25)

12：A(13) = A(38)

13：A(14) = A(21)

14：A(15) = A(35)

15：A(16) = A(32)

16：A(17) = A(33)

17：A(18) = A(27)

18：A(19) = A(24)

示例 3　编写 while-for 循环嵌套 m 文件

```
flag = 1;
while flag
    for i = 1:10
        if i > 9
            flag = 0
            break;
        end
    end
end
```

运行后输出结果为

flag = 0

示例4　用 for-end 循环语句计算 $\sum\limits_{i=1}^{50} i$ 和 50!

编写 m 文件脚本如下

```
he = 0 ;
jiecheng = 1 ;
for i = 1 :1 :50
he = he + i;
jiecheng = jiecheng * i ;
end
he
jiecheng
```

执行得结果

```
he = 1275
jiecheng = 3.0414e + 64
```

示例5　已知函数 $f(x)=\begin{cases}4x+4, & -1\leqslant x\leqslant 0,\\ 4, & 0\leqslant x<2,\\ x^2, & 2\leqslant x<4,\end{cases}$　计算 $f(-1,),f(1),f(2.5)$,并作出该函数图像

编写 m 文件脚本如下,程序中三点的函数值分别存放在变量 f1, f2 , f3 中(实验图3.1).

```
y = [ ];
for x = -1 :0.1:4;
if x > = -1&x<0
  y = [y,4 * x +4];
  if x == -1
  f1 = x +4
  end
 elseif x > =0 & x <2
  y =[y,4];
  if x ==1
  f2 =2
  end
 else
  y =[y,x^2];
  if x ==2.5
  f3 = x^2
  end
 end
end
x = -1 :0.1:4;
```

plot(x,y)

运行后输出如下图形,并输出下面 3 个变量的值

f1 = 3

f2 = 2

f3 = 6.2500

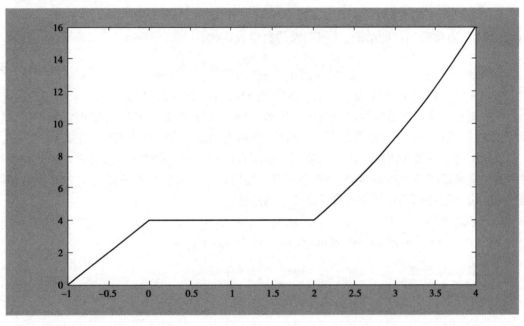

实验图 3.1

实验 3 练习题

1. 求 $s = 1 + 2 + 3 + \cdots + n < 3\ 000$ 时的 n,s 的值.

2. 用 while-end 型循环求小于 100 的偶数之和与奇数之和.

3. 求 $s = 1^2 + 2^2 + 3^2 + \cdots + n^2$.

小 结 与 练 习

一、内容小结

本章应用导数这一有力工具,全面地、综合地对函数性态进行研究. 微分中值定理作为理论基础在理论推导和应用中起着非常重要的作用.

1. 微分中值定理

罗尔定理、拉格朗日中值定理与柯西定理有相同的几何意义,即连续光滑弧段$\overset{\frown}{AB}$上,处处有不垂直 x 轴的切线,至少有一条切线平行于弦 AB.

设 $y = f(x)$ 在 $[a,b]$ 上连续,(a,b) 内可导,对应的弧段$\overset{\frown}{AB}$.

当 $f(a)=f(b)$ 时,有罗尔定理的结论,几何图形的数学表达式有

$$f'(\xi)=0,\xi\in(a,b) \tag{1}$$

当 $f(a)\neq f(b)$ 时,有拉格朗日定理的结论,几何图形的数学表达式有

$$\frac{f(b)-f(a)}{b-a}=f'(\xi),\xi\in(a,b) \tag{2}$$

当弧段 $\overset{\frown}{AB}$ 由参数方程 $x=g(t),y=f(t),t\in(\alpha,\beta)$ 给出,点 A 与 B 分别对应参数 α 与 β,且 $g'(t)\neq0$ 时,有柯西定理的结论,几何图形的数学表达式有

$$\frac{f(b)-f(a)}{g(b)-g(a)}=\frac{f'(\xi)}{g'(\xi)},\xi\in(a,b) \tag{3}$$

当 $g(x)\equiv x$ 时,(3)式成为(2)式,$f(a)=f(b)$ 时,(2)式成为(1)式.

拉格朗日中值定理是柯西定理的特殊情形,而罗尔定理又是拉格朗日中值定理的特殊情形. 反之拉格朗日中值定理是罗尔定理的推广,柯西定理是拉格朗日中值定理的推广.

罗尔定理的主要作用在于用它来证明拉格朗日中值定理与柯西定理;柯西定理的主要作用在于用它来证明洛必达法则;至于拉格朗日中值定理的主要作用在于用它来推得函数增减性的判定法、函数极值的判定法、曲线凹凸的判定法.

2. 洛必达法则

设 $\lim f(x)=0,\lim g(x)=0$,或 $\lim f(x)=\infty,\lim g(x)=\infty$

基本未定式: $\dfrac{0}{0}$ 或 $\dfrac{\infty}{\infty}$ $\qquad$ $\lim\dfrac{f(x)}{g(x)}=\lim\dfrac{f'(x)}{g'(x)}$(存在或 ∞)

法则使用时应注意以下几点:

(1)法则可以多次使用,每次使用法则首先验证是不是 $\dfrac{0}{0}$ 型或 $\dfrac{\infty}{\infty}$ 型未定式,如果不是,就不能直接使用法则;

(2)使用法则时,不是对整个比式求导,而是对分子、分母分别求导;

(3)使用法则时,如有不为零的极限因子,应先计算极限值;分子、分母有可约的因子,应先行约去,以简化计算;

(4) $0\cdot\infty$ 或 $\infty-\infty$ 型通过恒等变形、通分化为 $\dfrac{0}{0}$ 或 $\dfrac{\infty}{\infty}$,1^{∞},∞^{0},0^{0} 通过恒等变形 $e^{f(x)\ln g(x)}$ (或取对数)化为 $0\cdot\infty$ 型;

(5)洛必达法则是求未定式极限的有效方法,若结合其他方法进行计算效果更好.

3. 函数的单调性与曲线的凹凸性

在讨论区间上求出 $y=f(x)$ 的一阶、二阶导数为零的点、不存在的点,列表分区间讨论一阶、二阶导数正负.

$$\text{函数单调性的判定}\begin{cases}f'(x)>0 & f(x)\text{单调增}\\ f'(x)<0 & f(x)\text{单调减}\\ f'(x)=0 & f(x)=c\end{cases}$$

$$\text{曲线凹凸性的判定}\begin{cases}f''(x)>0 & \text{凹弧}\\ f''(x)<0 & \text{凸弧}\end{cases}$$

4. 函数的极值和最值

极值与最值之间联系:极大值有可能是最大值,极小值有可能是最小值.

极值与最值之间区别:极大值与极小值是局部性的概念,极小值有可能比极大值大.

最大值与最小值是全局性的概念,最大值一定不小于最小值.

极值的必要条件:如果 x_0 是函数 $y=f(x)$ 的极值点,则 x_0 必为函数 $y=f(x)$ 的驻点或不可导点(反之不一定,由第一充分条件:根据这些点的两侧一阶导数符号异同来判定).

可导函数取极值必在驻点处取得;驻点处也可用第二充分条件判定是否取极值.

极值只可能在区间内取得,端点不可能为极值点,而有可能为最值点.

(1)$f(x)$ 在区间 I 上可导,且只有唯一的一个极值点 x_0,则 x_0 也是最值点.

(2)$f(x)$ 在区间 $[a,b]$ 可导,若 $f'(x)>0$,则 $f(a)$ 为最小值,$f(b)$ 为最大值;

若 $f'(x)<0$,则 $f(b)$ 为最小值,$f(a)$ 为最大值.

闭区间上连续函数最值的可能点是 $y=f(x)$ 的一阶导数为零的点或不存在的点,或区间端点.比较以上各点处函数值即可求得最大值、最小值.

求实际问题的最大值或最小值,首先要根据实际问题恰当选择自变量并确定其定义区间,应用几何、物理或相关知识,建立目标函数,用相应方法求出其最大值或最小值.

5. 函数图形的描绘

函数的图形是函数性态的几何直观表示,它有助于我们对函数性态的了解.函数作图是函数性态研究的综合应用.讨论函数的定义区间、间断点、奇偶性(对称性)、周期性、渐近线、单调区间、极值、凹凸区间、拐点等,就能比较精确地作出它的图形.

渐近线的条数 k:水平渐近线与斜渐近线条数 $0\leqslant k\leqslant 2$,且不可能同时存在;铅直渐近线条数 $k\geqslant 0$.

二、教学要求

(1)了解微分中值定理条件与结论,并会简单应用;

(2)掌握洛必达法则计算未定式的极限;

(3)掌握函数增减性的判定方法,理解函数极值的概念,并掌握其求法;

(4)理解函数最大值与最小值的含义,并能解决较简单的最大、最小值应用问题;

(5)了解曲线凹凸性和拐点的概念,掌握其判定方法;

(6)了解函数作图的主要步骤,并能描绘图形;

(7)知道弧微分概念及其计算公式.

本章的重点:微分中值定理;洛必达法则;函数的单调性与极值;函数的最大、最小值及其应用问题.

本章的难点:微分中值定理;函数的最值及其应用问题.

三、本章练习题

(一)选择题

1. 下列函数在给定区间上满足罗尔定理条件的是(　　).

A. $y=x^2-5x+6$,$[2,3]$
B. $y=\dfrac{1}{\sqrt{(x-1)^2}}$,$[0,2]$

C. $y=xe^{-x}$,$[0,1]$
D. $y=\begin{cases}x+1,x<5\\1,x\geqslant 5\end{cases}$,$[0,5]$

2. 函数 $f(x) = x - \dfrac{3}{2}x^{\frac{1}{3}}$ 在下列区间上不满足拉格朗日定理条件的是( ).

A. $[0,1]$ B. $[-1,1]$ C. $[1,3]$ D. $[-1,0]$

3. 求下列极限,能直接使用洛必达法则的是( ).

A. $\lim\limits_{x \to \infty} \dfrac{\sin x}{x}$ B. $\lim\limits_{x \to 0} \dfrac{\sin x}{x}$ C. $\lim\limits_{x \to \frac{\pi}{2}} \dfrac{\tan 5x}{\sin 3x}$ D. $\lim\limits_{x \to 0} \dfrac{x^2 \sin \frac{1}{x}}{\sin x}$

4. 函数 $y = \dfrac{x}{1-x^2}$ 在 $(-1,1)$ 内( ).

A. 单调增加   B. 单调减少   C. 有极大值   D. 有极小值

5. 函数 $f(x) = e^x + e^{-x}$ 在区间 $(-1,1)$ 内( ).

A. 单调增加   B. 单调减少   C. 不增不减   D. 有增有减

6. 函数 $y = f(x)$ 在 $x = x_0$ 处取得极大值,则必有( ).

A. $f'(x_0) = 0$ B. $f''(x_0) < 0$

C. $f'(x_0) = 0$ 且 $f''(x_0) < 0$ D. $f'(x_0) = 0$ 或 $f'(x_0)$ 不存在

7. $f'(x_0) = 0$, $f''(x_0) > 0$ 是函数 $y = f(x)$ 在 $x = x_0$ 处取得极小值的一个( ).

A. 必要充分条   B. 充分条件非必要条件

C. 必要条件非充分条件   D. 既非必要条件也非充分条件

8. 设函数 $f(x)$ 在 (a,b) 内有 $f'(x) < 0$ 且 $f''(x) < 0$,则 $y = f(x)$ 在 (a,b) 内( ).

A. 单调增加,图形为凹   B. 单调增加,图形为凸

C. 单调减少,图形为凹   D. 单调减少,图形为凸

9. "$f''(x_0) = 0$" 是 $f(x)$ 的图形在 $x = x_0$ 处有拐点的( ).

A. 充分必要条件   B. 充分条件非必要条件

C. 必要条件非充分条件   D. 既非必要条件也非充分条件

10. $f(x) = |\sqrt[3]{x}|$,点 $x = 0$ 是 $f(x)$ 的( ).

A. 间断点   B. 极小值点   C. 极大值点   D. 拐点

11. 设函数 $y = f(x)$ 二阶可导,如果 $f'(x_0) = f''(x_0) + 1 = 0$,那么点 x_0 是( ).

A. 极大值点   B. 极小值点   C. 不是极值点   D. 不是驻点

12. 下列曲线中有拐点 $(0,0)$ 的是( ).

A. $y = x^2$ B. $y = x^3$ C. $y = x^4$ D. $y = x^{\frac{2}{3}}$

13. 设函数 $f(x) = x^3 + ax^2 + bx + c$,且 $f(0) = f'(0) = 0$,下列结论不正确的是( ).

A. $b = c = 0$ B. 当 $a > 0$ 时,$f(0)$ 为极小值

C. 当 $a < 0$ 时,$f(0)$ 为极大值   D. 当 $a \neq 0$ 时,$(0, f(0))$ 为拐点

14. 曲线 $y = \dfrac{x}{1-x^2}$ 的渐近线有( ).

A. 1 条   B. 2 条   C. 3 条   D. 4 条

15. 曲线 $y = \dfrac{1}{f(x)}$ 有水平渐近线的充分条件是( ).

A. $\lim\limits_{x \to \infty} f(x) = 0$ B. $\lim\limits_{x \to \infty} f(x) = \infty$ C. $\lim\limits_{x \to 0} f(x) = 0$ D. $\lim\limits_{x \to 0} f(x) = \infty$

16. 曲线 $y = \dfrac{1}{f(x)}$ 有铅垂渐近线的充分条件是(　　).

　　A. $\lim\limits_{x \to \infty} f(x) = 0$ 　　　B. $\lim\limits_{x \to \infty} f(x) = \infty$ 　　　C. $\lim\limits_{x \to 0} f(x) = 0$ 　　　D. $\lim\limits_{x \to 0} f(x) = \infty$

17. 设函数 $y = \dfrac{2x}{1 + x^2}$,则下列结论中错误的是(　　).

　　A. y 是奇函数,且是有界函数　　　　　B. y 有两个极值点

　　C. y 只有一个拐点　　　　　　　　　D. y 只有一条水平渐近线

18. 关于函数 $y = \dfrac{x^3}{1 - x^2}$ 的结论错误的是(　　).

　　A. 有一个零点　　　B. 有两个极值点　　　C. 有一个拐点　　　D. 有两条渐近线

(二)填空题

1. 函数 $y = \ln x$ 在 $[1, e]$ 上满足拉格朗日中值定理的 $\xi = $ _____.

2. $y = x^4 - 8x^2 + 5$ 在 $[-1, 3]$ 上的最大值为_____,最小值为 $\xi = $ _____.

3. 函数 $f(x) = ax^2 + b$ 在区间 $(0, +\infty)$ 内单调增加,则 a, b 应满足_____.

4. 已知 $f(x) = e^{-x} \ln ax$ 在 $x = \dfrac{1}{2}$ 取得极值,则 $a = $ _____.

5. 若 $f(x)$ 在 $[a, b]$ 上可导,且 $f(x)' > 0$,则 $f(x)$ 在 $[a, b]$ 上的最大值为_____,最小值为_____.

6. 曲线 $y = \dfrac{e^{3-x}}{3 - x}$ 的水平渐近线是_____.

7. 曲线 $y = \dfrac{x + 3}{x^2 + 2x - 3}$ 的铅直渐近线是_____.

(三)计算题

求下列极限.

(1) $\lim\limits_{x \to 0} \dfrac{\tan x - x}{x - \sin x}$;　　　　(2) $\lim\limits_{x \to 0} \left[\dfrac{1}{\ln(1 + x)} - \dfrac{1}{x} \right]$;　　　　(3) $\lim\limits_{x \to 0} \left(\dfrac{1}{x} - \dfrac{1}{\sin x} \right)$;

(4) $\lim\limits_{x \to 0} \dfrac{\ln(1 + x^2)}{\sec x - \cos x}$;　　　　(5) $\lim\limits_{x \to 0} \dfrac{\sqrt{1 + x^3} - 1}{1 - \cos \sqrt{x - \sin x}}$.

(四)证明题

1. 证明不等式:

$nb^{n-1}(a - b) < a^n - b^n < na^{n-1}(a - b)$　　$(n > 1, a > b > 0)$.

2. 证明不等式: $2\sqrt{x} > 3 - \dfrac{1}{x}$　　$(x > 0, x \neq 1)$.

3. 证明:当 $0 < x < \dfrac{\pi}{2}$ 时, $\sin x > \dfrac{2}{\pi} x$.

4. 证明函数 $y = x - \ln(1 + x^2)$ 单调增加.

5. 证明函数 $y = \sin x - x$ 单调减少且在点 $x = 0$ 处连续.

(五)解答题

1. 已知函数 $f(x) = ax^3 - 6ax^2 + b$　　$(a > 0)$,在区间 $[-1, 2]$ 上的最大值为 3,最小值为 -29,求 a, b 的值.

2. 欲用围墙围成面积为 216 m³ 的一块矩形土地,并在正中用一堵墙将其隔成两块,问这块土地的长和宽选取多大的尺寸,才能使所用建筑材料最省?

3. 欲做一个容积为 300 m³ 的无盖圆柱形蓄水池,已知池底单位造价为周围单位造价的两倍,问蓄水池的尺寸应怎样设计才能使总造价最低?

4. 作函数 $f(x) = \dfrac{x}{1+x^2}$ 的图形.

参考答案

第 **4** 章
一元函数积分学及其应用

一元函数积分学是微积分学的另一重要内容,本章在分析实际问题的基础上,建立定积分的概念、存在条件和性质;通过微积分基本定理,阐明微分与积分之间的联系,将定积分的计算转化为求被积函数的原函数或不定积分;介绍了不定积分的计算方法,并讲解了定积分的应用和反常积分.

4.1　定积分的概念及其性质

引例1　曲边梯形的面积

由连续曲线 $y = f(x)$ ($f(x) \geqslant 0$),直线 $x = a$, $x = b$ 及 x 轴所围成的图形称为**曲边梯形**,如图 4.1 所示.

应用微分学的知识和极限的思想,采用近似逼近的方法计算曲边梯形面积 S.

基本思路为:将曲边梯形分成若干个小曲边梯形,每个小曲边梯形的面积借助对应的细长小矩形面积 = 底×高来近似代替,所有小矩形的面积之和就是曲边梯形面积 S 的近似值. 曲边梯形分得越细小,其近似程度越好. 当无限细分时,应用极限方法,计算近似值的精确值就是曲边梯形面积 S.

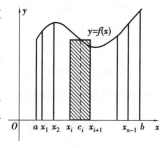

图 4.1

具体做法分四步来完成:

(1)分割　在区间 $[a,b]$ 中任意插入 $n-1$ 个点

$$a = x_0 < x_1 < x_2 < \cdots < x_{i-1} < x_i < \cdots < x_{n-1} < x_n = b$$

把 $[a,b]$ 分成 n 个子区间 $[x_{i-1}, x_i]$,其长度记为 $\Delta x_i = x_i - x_{i-1}$ ($i = 1, 2, 3, \cdots$).

过每个分点 x_i 作 x 轴垂线,把曲边梯形分成 n 个小曲边梯形,如图 4.1 所示.

用 ΔS_i 表示第 i 个小曲边梯形的面积,则有

$$S_n = \Delta S_1 + \Delta S_2 + \cdots + \Delta S_n = \sum_{i=1}^{n} \Delta S_i.$$

（2）近似　因为 $f(x)$ 是连续函数，所以只要 Δx_i 充分小，在每个子区间上 $f(x)$ 的差异不会太大. 在子区间 $[x_{i-1}, x_i]$ 内任取一点 ξ_i，以 Δx_i 为底，$f(\xi_i)$ 为高的矩形面积作为小曲边梯形面积的近似，即

$$\Delta S_i \approx f(\xi_i) \Delta x_i (i = 1, 2, \cdots, n).$$

（3）求和　所有矩形面积之和就是曲边梯形面积 S 的近似值，即

$$S \approx f(\xi_1) \Delta x_1 + f(\xi_2) \Delta x_2 + \cdots + f(\xi_n) \Delta x_n = \sum_{i=1}^{n} f(\xi_i) \Delta x_i.$$

（4）取极限　无限细分曲边梯形，总和的极限值无限趋近于曲边梯形的面积 S. 记 $\lambda = \max \{\Delta x_1, \Delta x_2, \cdots, \Delta x_n\}$，当 $\lambda \to 0$ 时有

$$S = \lim_{\lambda \to 0} \sum_{i=1}^{n} f(\xi_i) \Delta x_i.$$

引例 2　变速直线运动的路程

物体作匀速直线运动时，由时间 T_1 到 T_2 所经过的路程 = 速度×时间. 而变速直线运动则不能用此公式计算，我们效仿曲边梯形面积的求法.

任意分割时间段 $[T_1, T_2]$ 为 n 个子区间 $[t_0, t_1], [t_1, t_2], \cdots, [t_{i-1}, t_i], \cdots, [t_{n-1}, t_n]$.

注意到运动速度 $v(t)$ 是连续的，只要子区间充分小，速度变化差异不大. 在长度为 $\Delta t_i = t_i - t_{i-1}$ 的第 i 个子区间 $[t_{i-1}, t_i]$ 上，任取一时刻 ξ_i，以速度 $v(\xi_i)$ 代替子区间 $[t_{i-1}, t_i]$ 上各个时刻的速度，即每小段上近似看作匀速运动，则每小段路程有

$$\Delta S_i \approx v(\xi_i) \Delta t_i (i = 1, 2, \cdots, n).$$

作和，得由时间 T_1 到 T_2 所经过的路程的近似值

$$S \approx \sum_{i=1}^{n} v(\xi_i) \Delta t_i.$$

记 $\lambda = \max \{\Delta t_1, \Delta t_2, \cdots, \Delta t_n\}$，当 $\lambda \to 0$ 时和式 $\sum_{i=1}^{n} v(\xi_i) \Delta t_i$ 的极限值就是所求路程 S，即

$$S = \lim_{\lambda \to 0} \sum_{i=1}^{n} v(\xi_i) \Delta t_i.$$

以上两个问题虽然研究的对象不同，但解决的思想方法和步骤有共同之处，构成函数某种和式的极限就是函数的定积分.

4.1.1　定积分的概念

1. 定积分的定义

定义 4.1　如果函数 $f(x)$ 在区间 $[a, b]$ 上有定义，在区间中任意插入 $n-1$ 个点

$$a = x_0 < x_1 < x_2 < \cdots < x_{i-1} < x_i < \cdots < x_{n-1} < x_n = b$$

把 $[a, b]$ 分成 n 个子区间 $[x_{i-1}, x_i]$，其长度记为 $\Delta x_i = x_i - x_{i-1} (i = 1, 2, 3, \cdots)$.

在每个子区间 $[x_{i-1}, x_i]$ 上任取一点 ξ_i，作乘积 $f(\xi_i) \Delta x_i (i = 1, 2, 3, \cdots, n)$，并求和

$$S_n = \sum_{i=1}^{n} f(\xi_i) \Delta x_i.$$

记 $\lambda = \max \{\Delta x_1, \Delta x_2, \cdots, \Delta x_n\}$，当 $\lambda \to 0$ 时，若和式 S_n 的极限存在，则称函数 $f(x)$ 在区间

$[a,b]$ 上可积,此极限值为 $f(x)$ 在区间 $[a,b]$ 上的**定积分**,记作 $\int_a^b f(x)\,\mathrm{d}x$,即

$$\int_a^b f(x)\,\mathrm{d}x = \lim_{\lambda \to 0} \sum_{i=1}^n f(\xi_i)\Delta x_i$$

其中, $f(x)$ 称为**被积函数**, $f(x)\mathrm{d}x$ 称为**被积表达式**, x 称为积分变量, $[a,b]$ 称为积分区间, a 称为**积分下限**, b 称为**积分上限**.

需要注意的是和式的极限与子区间的分法及点 ξ_i 的取法无关,只与被积函数及积分区间有关. 与积分值和积分变量采用什么记号无关,即

$$\int_a^b f(x)\,\mathrm{d}x = \int_a^b f(t)\,\mathrm{d}t = \int_a^b f(u)\,\mathrm{d}u$$

规定
$$\int_a^b f(x)\,\mathrm{d}x = -\int_b^a f(x)\,\mathrm{d}x$$

当 $a=b$ 时,有
$$\int_a^a f(x)\,\mathrm{d}x = 0 .$$

由定积分定义,曲边梯形的面积　　$S = \int_a^b f(x)\,\mathrm{d}x$;

变速直线运动的路程　　　　　　$S = \int_{T_1}^{T_2} v(t)\,\mathrm{d}t .$

2. 定积分的存在定理与几何意义

不加证明地给出**定积分存在定理**: $f(x)$ 在区间 $[a,b]$ 上连续,或 $f(x)$ 在区间 $[a,b]$ 上有界,且只有有限个间断点,则 $f(x)$ 在 $[a,b]$ 上可积.

定积分 $\int_a^b f(x)\,\mathrm{d}x$ 的几何意义:

(1)区间 $[a,b]$ 上 $f(x)\geqslant 0$,则 $\int_a^b f(x)\,\mathrm{d}x = S_{曲边梯形}$;

(2)区间 $[a,b]$ 上 $f(x)\leqslant 0$,则 $\int_a^b f(x)\,\mathrm{d}x = -S_{曲边梯形}$;

(3) $[a,b]$ 上既有 $f(x)\geqslant 0$ 又有 $f(x)\leqslant 0$,则 $\int_a^b f(x)\,\mathrm{d}x =$ 各曲边梯形面积值的代数和.

由曲线 $y=f(x)$ 与直线 $x=a,x=b$ 以及 x 轴所围成的各曲边梯形如图 4.2 所示.

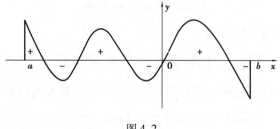

图 4.2

4.1.2　定积分的性质

设 $f(x)$ 在 $[a,b]$ 上可积,根据极限的运算法则容易得到定积分的性质 1、性质 2.

性质 1　$\int_a^b [f(x)\pm g(x)]\,\mathrm{d}x = \int_a^b f(x)\,\mathrm{d}x \pm \int_a^b g(x)\,\mathrm{d}x .$

推广 $\int_a^b [f_1(x) \pm f_2(x) \pm \cdots \pm f_n(x)] dx = \int_a^b f_1(x) dx \pm \int_a^b f_2(x) dx \pm \cdots \pm \int_a^b f_n(x) dx$.

性质2 $\int_a^b kf(x) dx = k\int_a^b f(x) dx$ (k 是常数).

性质3 $\int_a^b f(x) dx = \int_a^c f(x) dx + \int_c^b f(x) dx$.

此性质(积分对区间具有可加性)只作几何解释.

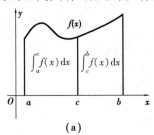 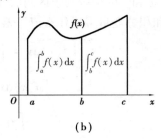

(a)   (b)

图 4.3

若 $a < c < b$, 如图 4.3(a)所示, 显然有

$$\int_a^b f(x) dx = \int_a^c f(x) dx + \int_c^b f(x) dx$$

成立.

若 $c \notin [a, b]$, 不妨设 $a < b < c$, 如图 4.3(b)有

$$\int_a^c f(x) dx = \int_a^b f(x) dx + \int_b^c f(x) dx = \int_a^b f(x) dx - \int_c^b f(x) dx$$

移项得

$$\int_a^b f(x) dx = \int_a^c f(x) dx + \int_c^b f(x) dx.$$

性质4 若在区间 $[a, b]$ 上, $f(x) = 1$, 则

$$\int_a^b 1 dx = \int_a^b dx = b - a.$$

此性质读者可以自行证明.

性质5 若函数 $f(x)$ 与 $g(x)$ 在区间 $[a, b]$ 上总满足条件 $f(x) \leq g(x)$, 则

$$\int_a^b f(x) dx \leq \int_a^b g(x) dx.$$

推论 设 $f(x)$ 在 $[a, b]$ 可积, 则

$$\left| \int_a^b f(x) dx \right| \leq \int_a^b |f(x)| dx.$$

性质6 设 M 及 m 分别是函数 $f(x)$ 在区间 $[a, b]$ 上的最大值与最小值, 则

$$m(b - a) \leq \int_a^b f(x) dx \leq M(b - a).$$

因为 $m \leq f(x) \leq M$, 所以由性质5得

$$\int_a^b m dx \leq \int_a^b f(x) dx \leq \int_a^b M dx.$$

再由性质2、性质4得

$$m(b - a) \leq \int_a^b f(x) dx \leq M(b - a).$$

性质 6 的几何解释是:由曲线 $y = f(x)$, $x = a$, $x = b$ 和 x 轴所围成的曲边梯形面积,介于以 $[a, b]$ 为底,以 m 为高的矩形面积和 M 为高的矩形面积之间(图 4.4).

性质 7(定积分中值定理)　若函数 $f(x)$ 在闭区间 $[a, b]$ 上连续,则在积分区间 $[a, b]$ 上至少存在一点 ξ,使得下面等式成立:

$$\int_a^b f(x)\mathrm{d}x = f(\xi)(b - a) \quad (a \leqslant \xi \leqslant b).$$

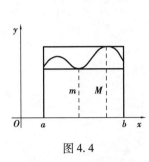

图 4.4

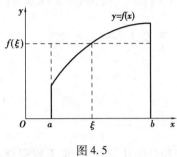

图 4.5

证明　由性质 6 中的不等式两边同除以 $b - a$,得

$$m \leqslant \frac{1}{b - a}\int_a^b f(x)\mathrm{d}x \leqslant M$$

此式表明 $\dfrac{1}{b - a}\displaystyle\int_a^b f(x)\mathrm{d}x$ 介于 $f(x)$ 的最小值 m 及最大值 M 之间.根据闭区间上连续函数的介值定理,在 $[a, b]$ 上至少存在一点 ξ,使得函数 $f(x)$ 在点 ξ 处的值与 $\dfrac{1}{b - a}\displaystyle\int_a^b f(x)\mathrm{d}x$ 数值相等,即有

$$\frac{1}{b - a}\int_a^b f(x)\mathrm{d}x = f(\xi)$$

故 $\displaystyle\int_a^b f(x)\mathrm{d}x = f(\xi)(b - a) \quad (a \leqslant \xi \leqslant b)$.

中值定理的几何解释:在区间 $[a, b]$ 上至少存在一点 ξ,使得以 $[a, b]$ 为底边,$f(x)$ 为曲边的曲边梯形的面积等于同一底边上高为 $f(\xi)$ 的一个矩形的面积(图 4.5).

称 $\dfrac{1}{b - a}\displaystyle\int_a^b f(x)\mathrm{d}x$ 为函数 $f(x)$ 在区间 $[a, b]$ 上的**平均值**.

例 1　不计算积分比较下列积分值大小.

(1) $\displaystyle\int_0^{\frac{\pi}{2}} x\mathrm{d}x$ 与 $\displaystyle\int_0^{\frac{\pi}{2}} \sin x\mathrm{d}x$;

(2) $\displaystyle\int_1^e \ln x\mathrm{d}x$ 与 $\displaystyle\int_1^e \ln^2 x\mathrm{d}x$.

解　(1)因为 $x > 0$ 时,有 $x > \sin x$

所以 $\displaystyle\int_0^{\frac{\pi}{2}} x\mathrm{d}x > \int_0^{\frac{\pi}{2}} \sin x\mathrm{d}x$.

(2)因为 $1 \leqslant x \leqslant \mathrm{e}$ 时,$0 \leqslant \ln x \leqslant 1$,有 $\ln x > \ln^2 x$

所以 $\displaystyle\int_1^e \ln x\mathrm{d}x > \int_1^e \ln^2 x\mathrm{d}x$.

例 2　利用定积分的性质估计下列积分值.

(1) $\int_{1}^{3}(x^2+1)\mathrm{d}x$; (2) $\int_{0}^{\frac{\pi}{2}}\mathrm{e}^{\sin x}\mathrm{d}x$.

解 (1)因为 $x\in[1,3]$ 时,有 $2\leqslant(x^2+1)\leqslant 10$

所以 $4<\int_{1}^{3}(x^2+1)\mathrm{d}x<20$.

(2)因为 $x\in\left[0,\dfrac{\pi}{2}\right]$ 时,$0\leqslant\sin x\leqslant 1$,且 e^t 增,有 $1\leqslant\mathrm{e}^{\sin x}\leqslant\mathrm{e}$,

所以 $\dfrac{\pi}{2}<\int_{0}^{\frac{\pi}{2}}\mathrm{e}^{\sin x}\mathrm{d}x<\dfrac{\pi\mathrm{e}}{2}$.

习题 4.1

1. 利用定积分的几何意义,求下列积分.

(1) $\int_{0}^{1}2x\mathrm{d}x$; (2) $\int_{0}^{a}\sqrt{a^2-x^2}\mathrm{d}x$ ($a>0$) .

2. 不计算积分,比较下列积分值的大小.

(1) $\int_{0}^{1}x^3\mathrm{d}x$ 与 $\int_{0}^{1}x^2\mathrm{d}x$; (2) $\int_{1}^{2}x^3\mathrm{d}x$ 与 $\int_{1}^{2}x^2\mathrm{d}x$;

(3) $\int_{0}^{1}\mathrm{e}^x\mathrm{d}x$ 与 $\int_{0}^{1}\mathrm{e}^{x^2}\mathrm{d}x$; (4) $\int_{0}^{\frac{\pi}{2}}\tan x\mathrm{d}x$ 与 $\int_{0}^{\frac{\pi}{2}}\sin x\mathrm{d}x$.

3. 利用定积分的性质6估计 $\int_{0}^{1}\mathrm{e}^x\mathrm{d}x$ 的积分值.

4. 设 $\int_{-1}^{1}3f(x)\mathrm{d}x=18,\int_{-1}^{3}f(x)\mathrm{d}x=4,\int_{-1}^{3}g(x)\mathrm{d}x=3$. 求下列积分.

(1) $\int_{-1}^{1}f(x)\mathrm{d}x$; (2) $\int_{1}^{3}f(x)\mathrm{d}x$;

(3) $\int_{3}^{-1}g(x)\mathrm{d}x$; (4) $\int_{3}^{-1}\dfrac{1}{5}[4f(x)+3g(x)]\mathrm{d}x$.

4.2 微积分学基本公式与不定积分

本节在讲解微积分学基本公式的基础上,阐述了微分与积分之间的关系,将定积分的计算问题转化为求被积函数的原函数或不定积分的问题.

4.2.1 微积分基本公式

为了寻求定积分计算简单易行的方法,我们再来讨论已知速度求位移问题. 由4.1节内容可知

$$s=\int_{a}^{b}v(t)\mathrm{d}t$$

另一方面,如果已知物体位移函数 $s=s(t)$,那么在时间区间 $[a,b]$ 内物体所通过的位移

也可以表示为

$$s = s(b) - s(a)$$

综上可得

$$\int_a^b v(t)\,\mathrm{d}t = s(b) - s(a).$$

这样,定积分 $\int_a^b v(t)\,\mathrm{d}t$ 的值就可由函数 $s = s(t)$ 在 $t = a$ 与 $t = b$ 的值之差得到. 问题的关键在于如何从 $v(t)$ 求得 $s(t)$. 由第 2 章内容可知 $s'(t) = v(t)$,即导数的逆运算可得 $s(t)$.

受上述问题的启发,可得到定积分的一个简单的计算公式. 为了方便建立公式,我们引入下面的概念.

定义 4.2　设 $f(x)$ 定义在区间 I 上,如果对任意的 $x \in I$,都有

$$F'(x) = f(x) \text{ 或 } \mathrm{d}F(x) = f(x)\mathrm{d}x$$

则称 $F(x)$ 为 $f(x)$ 在区间 I 上的一个**原函数**.

由定义 4.2 及位移函数的求法可得著名的牛顿-莱布尼茨公式.

定理 4.1　设函数 $f(x)$ 在区间 $[a,b]$ 上连续,且 $F(x)$ 是 $f(x)$ 的一个原函数,

则　　　　　　　　　$$\int_a^b f(x)\,\mathrm{d}x = F(b) - F(a)$$

证　在区间 $[a,b]$ 内任意插入 $n-1$ 个点

$$a = x_0 < x_1 < x_2 < \cdots < x_{i-1} < x_i < \cdots < x_{n-1} < x_n = b,$$

把 $[a,b]$ 分成 n 个子区间 $[x_{i-1}, x_i]$,$(i = 1,2,3,\cdots)$. 根据拉格朗日中值定理,必存在 $\xi_i \in (x_{i-1}, x_i)$,使

$$F(x_i) - F(x_{i-1}) = F'(\xi_i)\Delta x_i = f(\xi_i)\Delta x_i,(\Delta x_i = x_i - x_{i-1})$$

所以

$$F(b) - F(a) = \sum_{i=1}^n [F(x_i) - F(x_{i-1})]$$

$$= \sum_{i=1}^n F'(\xi_i)\Delta x_i = \sum_{i=1}^n f(\xi_i)\Delta x_i$$

对上式两边求极限可得

$$\int_a^b f(x)\,\mathrm{d}x = \lim_{\lambda \to 0} \sum_{i=1}^n f(\xi_i)\Delta x_i = F(b) - F(a)$$

其中,$\lambda = \max\{\Delta x_1, \Delta x_2, \cdots, \Delta x_n\}$.

牛顿-莱布尼茨公式将定积分的计算问题转化为求被积函数 $f(x)$ 在区间 $[a,b]$ 上的原函数问题,而求 $f(x)$ 在 $[a,b]$ 上的原函数 $F(x)$ 是求导运算的逆运算,因此,该公式被称为微积分基本公式.

例 1　计算下列定积分.

$(1) \int_0^1 x^3\,\mathrm{d}x;$　　　　　$(2) \int_0^1 \mathrm{e}^x\,\mathrm{d}x;$　　　　　$(3) \int_1^{\sqrt{3}} \dfrac{1}{1+x^2}\,\mathrm{d}x.$

解　(1) 因为 $\left(\dfrac{x^4}{4}\right)' = x^3$,所以 $\dfrac{x^4}{4}$ 是 x^3 的一个原函数,由牛顿-莱布尼茨公式可得

$$\int_0^1 x^3\,\mathrm{d}x = \frac{x^4}{4}\bigg|_0^1 = \frac{1}{4}.$$

(2)因为$(e^x)' = e^x$,所以 e^x 是 e^x 的一个原函数,由牛顿-莱布尼茨公式可得

$$\int_0^1 e^x dx = e^x \Big|_0^1 = e - 1.$$

(3)因为$(\arctan x)' = \dfrac{1}{1+x^2}$,所以 $\arctan x$ 是 $\dfrac{1}{1+x^2}$的一个原函数,由牛顿-莱布尼茨公式可得

$$\int_1^{\sqrt{3}} \frac{1}{1+x^2} dx = \arctan x \Big|_1^{\sqrt{3}} = \arctan \sqrt{3} - \arctan 1 = \frac{\pi}{12}.$$

为了利用牛顿-莱布尼茨公式计算定积分,被积函数 $f(x)$ 必须存在原函数并且能求出它的一个原函数. 什么函数存在原函数,如何求得原函数呢? 首先解决第一个问题.

4.2.2 原函数存在定理

设函数 $f(x)$ 在区间 $[a,b]$ 上连续,$x \in [a,b]$,称 $\int_a^x f(t) dt$ 为**变上限积分函数**.

记作

$$\Phi(x) = \int_a^x f(t) dt.$$

则函数 $\Phi(x)$ 具有下面重要性质.

定理 4.2 若函数 $f(x)$ 在区间 $[a,b]$ 上连续,则变上限积分的函数 $\Phi(x)$ 在 $[a,b]$ 上可导,并且

$$\Phi'(x) = \frac{d}{dx} \int_a^x f(t) dt = f(x).$$

证明 当上限 x 取得增量 Δx 时(图 4.6,$\Delta x > 0$)函数 $\Phi(x)$ 的增量.

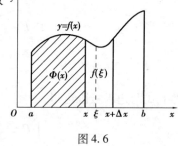

图 4.6

$$\Delta\Phi = \Phi(x + \Delta x) - \Phi(x)$$
$$= \int_a^{x+\Delta x} f(t) dt - \int_a^x f(t) dt$$
$$= \int_x^a f(t) dt + \int_a^{x+\Delta x} f(t) dt = \int_x^{x+\Delta x} f(t) dt$$

根据积分中值定理,存在 $\xi \in [x, x + \Delta x]$,使得 $\Delta\Phi = f(\xi)\Delta x$ 成立.

由于 $f(x)$ 在 $[a,b]$ 上连续,而 $\Delta x \to 0$ 时,$\xi \to x$,故

$$\lim_{\Delta x \to 0} \frac{\Delta\Phi}{\Delta x} = \lim_{\Delta x \to 0} \frac{f(\xi)\Delta x}{\Delta x} = \lim_{\xi \to x} f(\xi) = f(x)$$

即 $\Phi(x)$ 的导数存在,并且 $\Phi'(x) = f(x)$.

由定理 4.2 可知,如果 $f(x)$ 在区间 $[a,b]$ 连续,则变上限积分函数 $\Phi(x)$ 是 $f(x)$ 的一个原函数. 这个定理也被称为原函数存在定理.

例 2 求下列各函数的导数.

(1)$\int_0^1 \cos e^x dx$;   (2)$\int_0^x \sin e^t dt$;   (3)$\int_x^0 \sin t^2 dt$.

解 （1）因为定积分是常数，所以 $\left(\int_0^1 \cos\, e^x dx\right)' = 0$.

（2）因为 $\int_0^x \sin\, e^t dt$ 是变上限函数，由定理 4.2 $\left(\int_0^x \sin\, e^t dt\right)' = \sin\, e^x$.

（3）利用性质先把积分化为变上限函数的积分，再由定理 4.2 得

$$\left(\int_x^0 \sin\, t^2 dt\right)' = -\left(\int_0^x \sin\, t^2 dt\right)' = -\sin\, x^2.$$

例 3 求 $\left(\int_{2x}^{x^2} \sin\, t dt\right)'$.

解 利用性质先把积分化为变上限积分，再由定理 4.2 有

$$\left(\int_{2x}^{x^2} \sin\, t dt\right)' = \left(\int_{2x}^0 \sin\, t dt + \int_0^{x^2} \sin\, t dt\right)' = -\left(\int_0^{2x} \sin\, t dt\right)' + \left(\int_0^{x^2} \sin\, t dt\right)'$$

$$= -2\sin\, 2x + \sin\, x^2 \cdot 2x = 2x\sin\, x^2 - 2\sin\, 2x.$$

一般积分上限是函数 $u(x)$ 时，根据复合函数求导数法则，则有

$$\{\Phi[u(x)]\}' = \left[\int_a^{u(x)} f(t) dx\right]' = f[u(x)] u'(x).$$

例 4 求下列极限.

（1）$\lim\limits_{x \to 0} \dfrac{\int_0^x \cos^2 t dt}{x}$;

（2）$\lim\limits_{x \to 1} \dfrac{\int_1^x e^t dt}{x - 1}$.

解 （1）所求极限为 $\dfrac{0}{0}$ 型未定式极限，

所以
$$\lim\limits_{x \to 0} \frac{\int_0^x \cos^2 t dt}{x} = \lim\limits_{x \to 0} \frac{\cos^2 x}{1} = 1.$$

（2）所求极限是 $\dfrac{0}{0}$ 型的未定式的极限，

所以
$$\lim\limits_{x \to 1} \frac{\int_1^x e^t dt}{x - 1} = \lim\limits_{x \to 1} \frac{e^x}{1} = e.$$

4.2.3 不定积分

定理 4.3 若函数 $f(x)$ 在区间 I 上存在原函数，则其任意两个原函数之间至多相差一个常数. 即

$$G(x) = F(x) + C$$

其中，$F(x)$，$G(x)$ 是 $f(x)$ 在区间 I 上的任意两个原函数.

定义 4.3 如果函数 $F(x)$ 是 $f(x)$ 在区间 I 上的一个原函数，那么 $f(x)$ 的全体原函数 $F(x) + C$（C 为任意常数）称为函数 $f(x)$ 在区间 I 上的**不定积分**. 记为 $\int f(x) dx$.

即

$$\int f(x) dx = F(x) + C.$$

式中,$\int$ 称为积分号,$f(x)$ 称为被积函数,$f(x)\mathrm{d}x$ 称为被积表达式,x 称为积分变量,C 称为积分常数.

由定理、定义可知,求不定积分 $\int f(x)\mathrm{d}x$,只需求得 $f(x)$ 的一个原函数 $F(x)$,然后再加任意常数 C 即可.

例5 求(1) $\int 1\mathrm{d}x$;   (2) $\int x\mathrm{d}x$;   (3) $\int \cos x\mathrm{d}x$.

解 (1)由于 $x'=1$,   所以 $\int 1\mathrm{d}x = x + C$.

(2)由于 $\left(\dfrac{x^2}{2}\right)'=x$,   所以 $\int x\mathrm{d}x = \dfrac{x^2}{2} + C$.

(3)由于 $(\sin x)'=\cos x$,   所以 $\int \cos x\mathrm{d}x = \sin x + C$.

4.2.4 基本积分公式

直接由基本导数公式可得到以下基本积分公式.

(1) $\int k\mathrm{d}x = kx + C$ (k 为常数).   (2) $\int x^{\alpha}\mathrm{d}x = \dfrac{1}{\alpha+1}x^{\alpha+1} + C$ ($\alpha \neq -1$).

(3) $\int \dfrac{1}{x}\mathrm{d}x = \ln|x| + C$.   (4) $\int a^x\mathrm{d}x = \dfrac{a^x}{\ln a} + C$.

(5) $\int e^x\mathrm{d}x = e^x + C$.   (6) $\int \sin x\mathrm{d}x = -\cos x + C$.

(7) $\int \cos x\mathrm{d}x = \sin x + C$.   (8) $\int \csc^2 x\mathrm{d}x = -\cot x + C$.

(9) $\int \sec^2 x\mathrm{d}x = \tan x + C$.   (10) $\int \sec x \tan x\mathrm{d}x = \sec x + C$.

(11) $\int \csc x \cot x\mathrm{d}x = -\csc x + C$.   (12) $\int \dfrac{1}{\sqrt{1-x^2}}\mathrm{d}x = \arcsin x + C$.

(13) $\int \dfrac{1}{1+x^2}\mathrm{d}x = \arctan x + C$.

以上 13 个基本积分公式是求不定积分的基础,必须牢记,熟练应用.

性质1 积分运算与微分运算互为逆运算.

(1) $\left[\int f(x)\mathrm{d}x\right]' = f(x)$ 或 $\mathrm{d}\int f(x)\mathrm{d}x = f(x)\mathrm{d}x$;

(2) $\int F'(x)\mathrm{d}x = F(x) + C$ 或 $\int \mathrm{d}F(x) = F(x) + C$.

性质 1 说明对一个函数先积分后求导,则两者作用互相抵消;若先求导后积分,则运算抵消后至多相差一个任意常数项.

性质2 两个函数的代数和的不定积分等于函数不定积分的代数和.

$$\int [\alpha f(x) \pm \beta g(x)]\mathrm{d}x = \alpha\int f(x)\mathrm{d}x \pm \beta\int g(x)\mathrm{d}x.$$

例6 求 $\int(3x^3 - 6x^2 + 2x - 1)\mathrm{d}x$.

解　$\displaystyle\int(3x^3 - 6x^2 + 2x - 1)\mathrm{d}x = \int 3x^3\mathrm{d}x - \int 6x^2\mathrm{d}x + \int 2x\mathrm{d}x - \int\mathrm{d}x$

$$= 3\int x^3\mathrm{d}x - 6\int x^2\mathrm{d}x + 2\int x\mathrm{d}x - \int\mathrm{d}x$$

$$= \frac{3}{4}x^4 - 2x^3 + x^2 - x + C.$$

例 7　求 $\displaystyle\int(\mathrm{e}^x - 2\cos x)\mathrm{d}x.$

解　$\displaystyle\int(\mathrm{e}^x - 2\cos x)\mathrm{d}x = \int\mathrm{e}^x\mathrm{d}x - 2\int\cos x\mathrm{d}x$

$$= \mathrm{e}^x - 2\sin x + C.$$

例 8　求 $\displaystyle\int\frac{x^2}{x^2+1}\mathrm{d}x.$

解　将被积函数代数恒等变形(加一项,减一项),再逐项积分,

即有
$$\int\frac{x^2}{x^2+1}\mathrm{d}x = \int\frac{x^2+1-1}{x^2+1}\mathrm{d}x = \int\left(1 - \frac{1}{x^2+1}\right)\mathrm{d}x$$

$$= x - \arctan x + C.$$

例 9　某化工厂生产某种产品,每日生产的产品的总成本 y 的变化率(即边际成本)是日产量 x 的函数 $y' = 7 + \dfrac{25}{\sqrt{x}}$,已知固定成本为 1 000 元,求总成本与日产量的函数关系.

解:因为总成本是总成本变化率 y' 的原函数,所以有

$$y = \int\left(7 + \frac{25}{\sqrt{x}}\right)\mathrm{d}x = 7x + 50\sqrt{x} + C$$

已知固定成本为 1 000 元,即当 $x=0$ 时,$y=1\,000$,因此有 $C = 1\,000$,于是可得

$$y = 1\,000 + 7x + 50\sqrt{x}$$

所以,总成本 y 与日产量 x 的函数关系为:$y = 1\,000 + 7x + 50\sqrt{x}.$

习题 4.2

1. 求下列导数.

(1) $\displaystyle\frac{\mathrm{d}}{\mathrm{d}x}\int_0^x\sqrt{1+t^2}\,\mathrm{d}t;$

(2) $\displaystyle\frac{\mathrm{d}}{\mathrm{d}x}\int_{\ln 2}^x t^5\mathrm{e}^{-t}\mathrm{d}t;$

(3) $\displaystyle\frac{\mathrm{d}}{\mathrm{d}x}\int_{\mathrm{e}^x}^{x^2}\cos(\pi t)\mathrm{d}t;$

(4) $\displaystyle\frac{\mathrm{d}}{\mathrm{d}x}\int_x^\pi\frac{\sin t}{t}\mathrm{d}t\quad(x>0).$

2. 求下列极限.

(1) $\displaystyle\lim_{x\to 0}\frac{\int_0^x\arctan t\mathrm{d}t}{x^2};$

(2) $\displaystyle\lim_{x\to 0}\frac{\int_0^x\ln(1+t)\mathrm{d}t}{x^2};$

(3) $\displaystyle\lim_{x\to 0}\frac{1}{x}\int_x^0\frac{\sin t}{t}\mathrm{d}t;$

(4) $\displaystyle\lim_{x\to 0}\frac{\int_0^x(\mathrm{e}^t+\mathrm{e}^{-t}-2)\mathrm{d}t}{1-\cos x}.$

3. 计算下列定积分.

(1) $\int_1^4 \sqrt{x}(1+\sqrt{x})\,\mathrm{d}x$;

(2) $\int_0^1 \mathrm{e}^{-x}\,\mathrm{d}x$;

(3) $\int_0^1 \dfrac{1}{1+x}\,\mathrm{d}x$;

(4) $\int_0^{\frac{\pi}{4}} \dfrac{1}{\cos^2 t}\,\mathrm{d}t$;

(5) $\int_{-1}^1 \dfrac{2x-1}{x-2}\,\mathrm{d}x$;

(6) $\int_0^3 \sqrt{(2-x)^2}\,\mathrm{d}x$.

4. 设 $f(x)=\begin{cases} x, & 0\leqslant x\leqslant \dfrac{\pi}{2}, \\ \sin x, & \dfrac{\pi}{2}\leqslant x\leqslant \pi \end{cases}$，求 $\int_0^{\pi} f(x)\,\mathrm{d}x$.

5. 求由方程 $\int_0^y \mathrm{e}^t\,\mathrm{d}t + \int_0^x \cos t\,\mathrm{d}t = 0$ 所确定的隐函数 $y=y(x)$ 的导数.

6. 求下列不定积分.

(1) $\int (\sqrt{x}+1)(x-1)\,\mathrm{d}x$;

(2) $\int \dfrac{x^4-2x^2+5x-3}{x^2}\,\mathrm{d}x$;

(3) $\int 2^x 3^x\,\mathrm{d}x$;

(4) $\int \mathrm{e}^x\left(1-\dfrac{\mathrm{e}^{-x}}{\sqrt{1-x^2}}\right)\mathrm{d}x$;

(5) $\int \dfrac{1}{x^2(1+x^2)}\,\mathrm{d}x$;

(6) $\int \dfrac{x^2+2}{x^2(1+x^2)}\,\mathrm{d}x$;

(7) $\int \sec x(\sec x-\tan x)\,\mathrm{d}x$;

(8) $\int \cot^2 x\,\mathrm{d}x$;

(9) $\int \cos^2 \dfrac{x}{2}\,\mathrm{d}x$;

(10) $\int \dfrac{\cos 2x}{\cos x+\sin x}\,\mathrm{d}x$;

(11) $\int \sqrt{x\sqrt{x\sqrt{x}}}\,\mathrm{d}x$;

(12) $\int \dfrac{1}{1+\sin x}\,\mathrm{d}x$.

4.3 积分的计算

对被积函数进行恒等变换,利用积分公式与性质,应用逐项积分能够计算一部分简单积分. 对于被积函数为复合函数的一类积分,则需要采用换元积分法进行计算. 换元积分法是利用变量替换,使被积表达式变为可积出或基本积分公式形式,从而求得不定积分. 换元法分为第一类换元积分法和第二类换元积分法.

4.3.1 不定积分的第一类换元积分法

例1 求 $\int \cos 2x\,\mathrm{d}x$.

解 因为被积函数是复合函数,基本积分表中没有相应的公式,试把它改写为

$$\int \cos 2x\,\mathrm{d}x = \frac{1}{2}\int 2\cos 2x\,\mathrm{d}x = \frac{1}{2}\int \cos 2x(2x)'\,\mathrm{d}x = \frac{1}{2}\int \cos 2x\,\mathrm{d}(2x)$$

令 $u = 2x$, 则

$$\int \cos 2x \, dx = \frac{1}{2} \int \cos u \, du$$

由基本公式, 有

$$\int \cos 2x \, dx = \frac{1}{2} \int \cos u \, du = \frac{1}{2} \sin u + C$$

$$= \frac{1}{2} \sin 2x + C.$$

容易验证 $\frac{1}{2} \sin 2x$ 是 $\cos 2x$ 的一个原函数, 故以上计算是正确的.

定理 4.4 设

$$\int f(u) \, du = F(u) + C,$$

且 $u = \varphi(x)$ 具有连续导数, 则有

$$\int f[\varphi(x)] \varphi'(x) \, dx = F[\varphi(x)] + C \tag{1}$$

证 只要证明 (1) 式的右端对 x 的导数等于左端的被积函数即可.

因为

$$\int f(u) \, du = F(u) + C,$$

所以

$$\frac{d}{du} F(u) = f(u).$$

由复合函数的微分法可得

$$\frac{d}{dx} F[\varphi(x)] \xlongequal{\diamond u = \varphi(x)} \frac{d}{du} F(u) \cdot \frac{du}{dx}$$

$$= f(u) \cdot \varphi'(x) = f[\varphi(x)] \varphi'(x).$$

故

$$\int f[\varphi(x)] \varphi'(x) \, dx = F[\varphi(x)] + C.$$

例 2 求 $\int (5x - 3)^3 \, dx$.

解 令 $u = 5x - 3$, 有 $du = 5 dx$, 得 $dx = \frac{1}{5} d(5x - 3)$,

故

$$\int (5x - 3)^3 \, dx = \int \frac{1}{5} (5x - 3)^3 d(5x - 3)$$

$$\xlongequal{\diamond u = 5x - 3} \frac{1}{5} \int u^3 \, du = \frac{1}{20} u^4 + C = \frac{1}{20} (5x - 3)^4 + C.$$

方法熟练后, 变量 u 换元与回代的过程可以省略.

例 3 求 $\int x \sqrt{x^2 + 1} \, dx$.

解 令 $u = x^2 + 1$, 有 $du = 2x dx$, $x dx = \frac{1}{2} d(x^2 + 1)$,

故

$$\int x \sqrt{x^2 + 1} \, dx = \frac{1}{2} \int \sqrt{x^2 + 1} \, d(x^2 + 1)$$

$$= \frac{1}{2} \cdot \frac{2}{3} (x^2 + 1)^{\frac{3}{2}} + C = \frac{1}{3} (x^2 + 1)^{\frac{3}{2}} + C.$$

例4 计算下列不定积分.

$(1)\int \dfrac{1}{a^2 + x^2}\mathrm{d}x;$ $\qquad (2)\int \dfrac{1}{\sqrt{a^2 - x^2}}\mathrm{d}x;$ $\qquad (3)\int \dfrac{1}{x^2 - a^2}\mathrm{d}x.$

解 $(1)\int \dfrac{1}{a^2 + x^2}\mathrm{d}x = \dfrac{1}{a^2}\int \dfrac{1}{1 + \left(\dfrac{x}{a}\right)^2}\mathrm{d}x = \dfrac{1}{a}\int \dfrac{1}{1 + \left(\dfrac{x}{a}\right)^2}\mathrm{d}\left(\dfrac{x}{a}\right) = \dfrac{1}{a}\arctan \dfrac{x}{a} + C.$

$(2)\int \dfrac{1}{\sqrt{a^2 - x^2}}\mathrm{d}x = \dfrac{1}{a}\int \dfrac{1}{\sqrt{1 - \left(\dfrac{x}{a}\right)^2}}\mathrm{d}x = \int \dfrac{1}{\sqrt{1 - \left(\dfrac{x}{a}\right)^2}}\mathrm{d}\left(\dfrac{x}{a}\right) = \arcsin \dfrac{x}{a} + C.$

$(3)\int \dfrac{1}{x^2 - a^2}\mathrm{d}x = \dfrac{1}{2a}\int \left(\dfrac{1}{x - a} - \dfrac{1}{x + a}\right)\mathrm{d}x$

$\qquad\qquad\qquad\quad = \dfrac{1}{2a}\left[\int \dfrac{1}{x - a}\mathrm{d}(x - a) - \int \dfrac{1}{x + a}\mathrm{d}(x + a)\right]$

$\qquad\qquad\qquad\quad = \dfrac{1}{2a}(\ln|x - a| - \ln|x + a|) + C = \dfrac{1}{2a}\ln\left|\dfrac{x - a}{x + a}\right| + C.$

例5 计算下列不定积分.

$(1)\int \dfrac{(\ln x)^3}{x}\mathrm{d}x$ $\qquad (2)\int \mathrm{e}^x \sin \mathrm{e}^x \,\mathrm{d}x;$ $\qquad (3)\int \cot x \,\mathrm{d}x;$ $\qquad (4)\int \sec x \,\mathrm{d}x.$

解 $(1)\int \dfrac{(\ln x)^3}{x}\mathrm{d}x = \int (\ln x)^3 \mathrm{d}\ln x = \dfrac{1}{4}(\ln x)^4 + C.$

$(2)\int \mathrm{e}^x \sin \mathrm{e}^x \mathrm{d}x = \int \sin \mathrm{e}^x \mathrm{d}\mathrm{e}^x = -\cos \mathrm{e}^x + C.$

$(3)\int \cot x \,\mathrm{d}x = \int \dfrac{\cos x}{\sin x}\mathrm{d}x = \int \dfrac{1}{\sin x}\mathrm{d}\sin x = \ln|\sin x| + C.$

同理得

$$\int \tan x \,\mathrm{d}x = -\ln|\cos x| + C.$$

$(4)\int \sec x\mathrm{d}x = \int \dfrac{1}{\cos x}\mathrm{d}x = \int \dfrac{\cos x}{\cos^2 x}\mathrm{d}x = \int \dfrac{1}{1 - \sin^2 x}\mathrm{d}\sin x$

$\qquad\qquad\quad = \dfrac{1}{2}\ln \dfrac{1 + \sin x}{1 - \sin x} + C = \dfrac{1}{2}\ln \dfrac{(1 + \sin x)^2}{\cos^2 x} + C$

$\qquad\qquad\quad = \ln|\sec x + \tan x| + C.$

同理得

$$\int \csc x\mathrm{d}x = \ln|\csc x - \cot x| + C.$$

4.3.2 不定积分的第二类换元积分法

"凑微分法"对应的是复合函数的微分法的逆运算,用于复合函数的积分运算. 对于某些含根式的函数积分,需要采用第二类换元积分法.

例6 求 $\int \dfrac{1}{1 + \sqrt{x}}\mathrm{d}x.$

解 设法把被积函数中的根号去掉,作变量代换将积分化为有理函数的积分.

令 $\sqrt{x}=t, x=t^2$，有 $\mathrm{d}x=2t\mathrm{d}t$，

$$\int\frac{1}{1+\sqrt{x}}\mathrm{d}x = \int\frac{2t}{1+t}\mathrm{d}t = \int\frac{2(t+1)-2}{1+t}\mathrm{d}t = \int\Big(2-\frac{2}{1+t}\Big)\mathrm{d}t$$

$$= 2t-2\ln|1+t|+C$$

$$= 2\sqrt{x}-2\ln(1+\sqrt{x})+C.$$

若积分 $\int f(x)\mathrm{d}x$ 不易计算，作适当变量代换 $x=\varphi(t)$，化为积分 $\int f[\varphi(t)]\varphi'(t)\mathrm{d}t$ 容易求出. 求出原函数后，还要将 $t=\varphi^{-1}(x)$ 回代，还原成 x 的函数，这就是第二类换元积分法.

定理 4.5　设 $x=\varphi(t)$ 是单调可导函数，且 $\varphi'(t)\neq0$，又设 $\Phi(t)$ 是 $f[\varphi(t)]\varphi'(t)$ 的一个原函数，则有换元公式

$$\int f(x)\mathrm{d}x = \int f[\varphi(t)]\varphi'(t)\mathrm{d}t = \Phi(t)+C = \Phi[\varphi^{-1}(x)]+C$$

其中 $\varphi^{-1}(x)$ 是 $x=\varphi(t)$ 的反函数.

例 7　求 $\int\dfrac{2x}{\sqrt{1-x}}\mathrm{d}x$.

解　为了将根式去掉，令 $\sqrt{1-x}=t, x=1-t^2, \mathrm{d}x=-2t\mathrm{d}t$，有

$$\int\frac{2x}{\sqrt{1-x}}\mathrm{d}x = \int\frac{2(1-t^2)}{t}\cdot(-2t)\mathrm{d}t = 4\int(t^2-1)\mathrm{d}t$$

$$= 4\Big(\frac{1}{3}t^3-t\Big)+C = -\frac{4}{3}(x+2)\sqrt{1-x}+C.$$

例 8　求 $\int\dfrac{1}{\sqrt{x}+\sqrt[3]{x^2}}\mathrm{d}x$.

解　为了将根式去掉，令 $x=t^6, \mathrm{d}x=6t^5\mathrm{d}t$，有

$$\int\frac{1}{\sqrt{x}+\sqrt[3]{x^2}}\mathrm{d}x = \int\frac{6t^5}{t^3+t^4}\mathrm{d}t = 6\int\frac{t^2}{t+1}\mathrm{d}t$$

$$= 6\int\frac{(t^2-1)+1}{t+1}\mathrm{d}t = 6\int\Big(t-1+\frac{1}{t+1}\Big)\mathrm{d}t$$

$$= 3t^2-6t+6\ln|t+1|+C$$

$$= 3\sqrt[3]{x}-6\sqrt[6]{x}+6\ln(\sqrt[6]{x}+1)+C.$$

例 9　求 $\int\sqrt{a^2-x^2}\,\mathrm{d}x\,(a>0)$.

解　为了去掉根式 $\sqrt{a^2-x^2}$，利用三角函数的平方公式 $\sin^2 t+\cos^2 t=1$.

令 $x=a\sin t\Big(|t|<\dfrac{\pi}{2}\Big)$，有 $\mathrm{d}x=a\cos t\mathrm{d}t$，$\sqrt{a^2-x^2}=a\sqrt{1-\sin^2 t}=a\cos t$，

故

$$\int\sqrt{a^2-x^2}\,\mathrm{d}x = \int a\cos t\cdot a\cos t\mathrm{d}t$$

$$= a^2\int\cos^2 t\mathrm{d}t = a^2\int\frac{1+\cos 2t}{2}\mathrm{d}t = \frac{a^2}{2}\Big(t+\frac{1}{2}\sin 2t\Big)+C$$

$$= \frac{a^2}{2}[t + \sin t \cos t] + C.$$

根据 $x = a \sin t$，由图 4.7 所示的直角三角形

$$\sin t = \frac{x}{a}, \cos t = \frac{\sqrt{a^2 - x^2}}{a}.$$

于是所求积分为

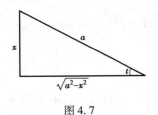

图 4.7

$$\int \sqrt{a^2 - x^2}\,dx = \frac{a^2}{2}\arcsin\frac{x}{a} + \frac{x\sqrt{a^2 - x^2}}{2} + C.$$

例 10 求 $\int \frac{1}{\sqrt{x^2 + a^2}}dx$ $(a > 0)$.

解 为了去掉根式 $\sqrt{x^2 + a^2}$，利用三角函数平方公式 $\tan^2 t + 1 = \sec^2 t$.

令 $x = a\tan t\left(|t| < \frac{\pi}{2}\right)$，$dx = a\sec^2 t\,dt$，$\sqrt{x^2 + a^2} = \sqrt{a^2\tan^2 t + a^2} = a\sec t$，

故

$$\int \frac{1}{\sqrt{x^2 + a^2}}dx = \frac{1}{a}\int \frac{1}{\sec t} \cdot a\sec^2 t\,dt$$

$$= \int \sec t\,dt$$

$$= \ln|\sec t + \tan t| + C.$$

根据 $\tan t = \frac{x}{a}$，利用图 4.8 所示的直角三角形，$\sec t = \frac{\sqrt{x^2 + a^2}}{a}$.

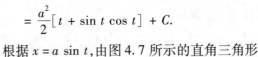

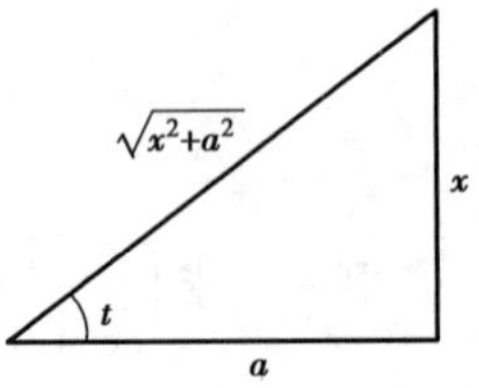

故

$$\int \frac{1}{\sqrt{x^2 + a^2}}dx = \ln\left|\frac{\sqrt{x^2 + a^2}}{a} + \frac{x}{a}\right| + C_1$$

$$= \ln\left|\sqrt{x^2 + a^2} + x\right| + C \quad (其中\ C = C_1 - \ln a).$$

图 4.8

例 11 求 $\int \frac{1}{\sqrt{x^2 - a^2}}dx$ $(a > 0)$.

解 利用三角函数平方公式 $\sec^2 t - 1 = \tan^2 t$，

令 $x = a\sec t\left(0 < t < \frac{\pi}{2}\right)$，$dx = a\sec t \cdot \tan t\,dt$，$\sqrt{x^2 - a^2} = \sqrt{a^2\sec^2 t - a^2} = a\tan t$，

故

$$\int \frac{1}{\sqrt{x^2 - a^2}}dx = \int \frac{a\sec t \cdot \tan t}{a\tan t}dt$$

$$= \int \sec t\,dt = \ln|\sec t + \tan t| + C.$$

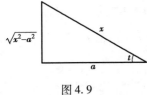

图 4.9

根据 $\sec t = \frac{x}{a}$，利用图 4.9 所示的直角三角形.

$$\tan t = \frac{\sqrt{x^2 - a^2}}{a}$$

所以有

$$\int \frac{1}{\sqrt{x^2 - a^2}}dx = \ln\left|\frac{x}{a} + \frac{\sqrt{x^2 - a^2}}{a}\right| + C_1$$

$$= \ln \left| \sqrt{x^2 - a^2} + x \right| + C \quad (\text{其中 } C = C_1 - \ln a).$$

例 9—例 11 中的解题方法称为三角代换法或三角换元法. 归纳为以下情况:

$\int f(x, \sqrt{a^2 - x^2}) \mathrm{d}x,$ 可令 $x = a \sin t, \mathrm{d}x = a \cos t \mathrm{d}t;$

$\int f(x, \sqrt{a^2 + x^2}) \mathrm{d}x,$ 可令 $x = a \tan t, \mathrm{d}x = a \sec^2 t \mathrm{d}t;$

$\int f(x, \sqrt{x^2 - a^2}) \mathrm{d}x,$ 可令 $x = a \sec t, \mathrm{d}x = a \sec t \tan t \mathrm{d}t.$

*例 12　求 $\int \dfrac{\mathrm{d}x}{x(1 + x^4)}.$

解　令 $x = \dfrac{1}{t},$ 则 $\mathrm{d}x = -\dfrac{1}{t^2} \mathrm{d}t,$ 于是

$$\int \frac{\mathrm{d}x}{x(1 + x^4)} = \int \frac{-\dfrac{1}{t^2}}{\dfrac{1}{t} \left(1 + \dfrac{1}{t^4}\right)} \mathrm{d}t = -\int \frac{t^3}{t^4 + 1} \mathrm{d}t = -\frac{1}{4} \int \frac{\mathrm{d}(t^4 + 1)}{t^4 + 1}$$

$$= -\frac{1}{4} \ln(t^4 + 1) + C \quad \left(\text{回代 } t = \frac{1}{x}\right)$$

$$= -\frac{1}{4} \ln(x^4 + 1) + \ln|x| + C.$$

本题中所用的变量代换称作**倒代换**, 也是一种比较常用的方法.

4.3.3　定积分的换元法

定理 4.6　设函数 $f(x)$ 在区间 $[a, b]$ 上连续, 函数 $x = \varphi(t)$ 单调可导, $\varphi'(t)$ 连续, $\varphi(\alpha) = a, \varphi(\beta) = b,$ 则有

$$\int_a^b f(x) \mathrm{d}x = \int_\alpha^\beta f[\varphi(t)] \varphi'(t) \mathrm{d}t$$

证明略.

注意: 定积分计算中

(1) 不变换积分变量时, 上、下限就不要变更.

(2) 如果变换积分变量, 换元必换限, 上限对上限, 下限对下限; 求出 $f[\varphi(t)] \varphi'(t)$ 的一个原函数 $F(t)$ 后, 不需回代原来变量 $x,$ 而只要把变量 t 的上、下限分别代入 $F(t)$ 中相减就可以了.

例 13　计算积分 $\displaystyle\int_0^4 \dfrac{1}{1 + \sqrt{x}} \mathrm{d}x.$

解　令 $t = \sqrt{x},$ 则 $x = t^2, \mathrm{d}x = 2t \mathrm{d}t.$ 当 $x = 0$ 时, $t = 0;$ 当 $x = 4$ 时, $t = 2.$

所以

$$\int_0^4 \frac{1}{1 + \sqrt{x}} \mathrm{d}x = \int_0^2 \frac{2t}{1 + t} \mathrm{d}t = 2 \int_0^2 \left(1 - \frac{1}{1 + t}\right) \mathrm{d}t$$

$$= 2(t - \ln|1 + t|) \Big|_0^2 = 4 - 2 \ln 3.$$

例 14　证明:

(1) 若 $f(x)$ 在 $[-a, a]$ 上连续, 且为偶函数, 则

$$\int_{-a}^{a} f(x)\,\mathrm{d}x = 2\int_{0}^{a} f(x)\,\mathrm{d}x;$$

(2)若 $f(x)$ 在 $[-a,a]$ 上连续,且为奇函数,则

$$\int_{-a}^{a} f(x)\,\mathrm{d}x = 0.$$

证明 因为 $\int_{-a}^{a} f(x)\,\mathrm{d}x = \int_{-a}^{0} f(x)\,\mathrm{d}x + \int_{0}^{a} f(x)\,\mathrm{d}x$,

对积分 $\int_{-a}^{0} f(x)\,\mathrm{d}x$ 作代换 $x = -t$ 得

$$\int_{-a}^{0} f(x)\,\mathrm{d}x = -\int_{a}^{0} f(-t)\,\mathrm{d}t = \int_{0}^{a} f(-t)\,\mathrm{d}t = \int_{0}^{a} f(-x)\,\mathrm{d}x,$$

于是 $$\int_{-a}^{a} f(x)\,\mathrm{d}x = \int_{0}^{a} [f(-x) + f(x)]\,\mathrm{d}x.$$

(1)若 $f(x)$ 为偶函数,即 $f(-x) = f(x)$,

则 $$\int_{-a}^{a} f(x)\,\mathrm{d}x = 2\int_{0}^{a} f(x)\,\mathrm{d}x.$$

(2)若 $f(x)$ 为奇函数,即 $f(-x) = -f(x)$,

则 $$\int_{-a}^{a} f(x)\,\mathrm{d}x = 0.$$

此结论常可简化计算偶函数、奇函数在对称区间上的定积分.

由上可得定积分 $\int_{-1}^{1} \dfrac{x^3}{2 + \cos x}\,\mathrm{d}x = 0, \int_{-1}^{1} (x^3 e^{x^2} + 2)\,\mathrm{d}x = 4.$

4.3.4 积分的分部积分法

分部积分法是积分方法之一,是利用两个函数乘积的微分公式的逆运算,用于求被积函数为两种不同类型函数乘积时的不定积分.

设函数 $u = u(x), v = v(x)$ 具有连续的导数,由函数乘积的微分公式

$$\mathrm{d}(uv) = v\mathrm{d}u + u\mathrm{d}v,$$

移项后,得 $$u\mathrm{d}v = \mathrm{d}(uv) - v\mathrm{d}u.$$

对上式两端同时积分,并利用微分法与积分法互为逆运算的关系,得

$$\int u\mathrm{d}v = uv - \int v\mathrm{d}u$$

上式称为**分部积分公式**. 利用分部积分公式求不定积分的方法称为**分部积分法**.

对于定积分只需要增加上下限即可. 定积分的分部积分公式为

$$\int_{a}^{b} u\mathrm{d}v = uv \Big|_{a}^{b} - \int_{a}^{b} v\mathrm{d}u \quad \text{或} \quad \int_{a}^{b} uv'\mathrm{d}x = uv \Big|_{a}^{b} - \int_{a}^{b} u'v\mathrm{d}x$$

例 15 求 $\int x \cos x\,\mathrm{d}x$.

解 令 $u = x, \mathrm{d}v = \cos x\mathrm{d}x = \mathrm{d}\sin x$ 则 $\mathrm{d}u = \mathrm{d}x, v = \sin x$,由分部积分公式,得

$$\int x \cos x\,\mathrm{d}x = \int x\mathrm{d}\sin x$$

$$= x \sin x - \int \sin x\,\mathrm{d}x$$

$$= x \sin x + \cos x + C.$$

注意求这个积分时,如果令 $u = \cos x, \mathrm{d}v = x\mathrm{d}x$,那么 $\mathrm{d}u = -\sin x\mathrm{d}x, v = \dfrac{1}{2}x^2$,

于是
$$\int x \cos x\mathrm{d}x = \int \cos x\mathrm{d}\left(\frac{x^2}{2}\right) = \frac{x^2}{2}\cos x + \int \frac{x^2}{2}\sin x\mathrm{d}x.$$

显然,不定积分 $\displaystyle\int \frac{x^2}{2}\sin x\mathrm{d}x$ 比 $\displaystyle\int x \cos x\mathrm{d}x$ 更难求出.

例 16　计算积分 $\displaystyle\int_1^2 x \ln x\mathrm{d}x$.

解　令 $u = \ln x, \mathrm{d}v = \mathrm{d}\dfrac{x^2}{2}$,

于是 $\displaystyle\int_1^2 x \ln x\mathrm{d}x = \frac{x^2}{2}\ln x \,\Big|_1^2 - \int_1^2 \frac{x^2}{2}\mathrm{d}\ln x = \frac{x^2}{2}\ln x \,\Big|_1^2 - \frac{1}{2}\int_1^2 x\mathrm{d}x$

$$= \left(\frac{x^2}{2}\ln x - \frac{x^2}{4}\right)\Big|_1^2 = 2 \ln 2 - \frac{3}{4}.$$

例 17　计算积分 $\displaystyle\int_1^2 x^2 \mathrm{e}^x\mathrm{d}x$.

解　$\displaystyle\int_1^2 x^2 \mathrm{e}^x\mathrm{d}x = \int_1^2 x^2 \mathrm{d}\mathrm{e}^x = x^2 \mathrm{e}^x \,\Big|_1^2 - \int_1^2 \mathrm{e}^x\mathrm{d}x^2$

$$= x^2 \mathrm{e}^x \,\Big|_1^2 - 2\int_1^2 x\mathrm{e}^x\mathrm{d}x = x^2 \mathrm{e}^x \,\Big|_1^2 - 2x\mathrm{e}^x \,\Big|_1^2 + 2\int_1^2 \mathrm{e}^x\mathrm{d}x$$

$$= x^2 \mathrm{e}^x \,\Big|_1^2 - 2(x\mathrm{e}^x - \mathrm{e}^x)\,\Big|_1^2 = 2\mathrm{e}^2 - \mathrm{e}.$$

例 18　求定积分 $\displaystyle\int_0^{\frac{1}{2}} \arcsin x\mathrm{d}x$.

解　$\displaystyle\int_0^{\frac{1}{2}} \arcsin x\mathrm{d}x = (x \arcsin x)\,\Big|_0^{\frac{1}{2}} - \int_0^{\frac{1}{2}} \frac{x}{\sqrt{1-x^2}}\mathrm{d}x$

$$= \frac{1}{2} \cdot \frac{\pi}{6} + \frac{1}{2}\int_0^{\frac{1}{2}} \frac{\mathrm{d}(1-x^2)}{\sqrt{1-x^2}}$$

$$= \frac{\pi}{12} + \sqrt{1-x^2}\,\Big|_0^{\frac{1}{2}} = \frac{\pi}{12} + \frac{\sqrt{3}}{2} - 1.$$

在有些定积分的计算中,既要用换元积分法也要用分部积分法.

例 19　求 $\displaystyle\int \mathrm{e}^x\sin x\mathrm{d}x$.

解　$\displaystyle\int \mathrm{e}^x\sin x\mathrm{d}x = \int \mathrm{e}^x\mathrm{d}(-\cos x)$

$$= -\mathrm{e}^x\cos x + \int \mathrm{e}^x\cos x\mathrm{d}x$$

$$= -\mathrm{e}^x\cos x + \int \mathrm{e}^x\mathrm{d}(\sin x)$$

$$= -\mathrm{e}^x\cos x + \mathrm{e}^x\sin x - \int \mathrm{e}^x \sin x\mathrm{d}x$$

故
$$\int \mathrm{e}^x \sin x\mathrm{d}x = \frac{\mathrm{e}^x}{2}(\sin x - \cos x) + C.$$

类似地有 $\qquad \int e^x \cos x dx = \dfrac{e^x}{2}(\sin x + \cos x) + C.$

例 20 计算 $\displaystyle\int_0^{\left(\frac{\pi}{2}\right)^2} \cos \sqrt{x}\, dx$.

解 令 $\sqrt{x} = t$,则 $x = t^2$, $dx = 2tdt$. 当 $x = 0$ 时, $t = 0$;当 $x = \left(\dfrac{\pi}{2}\right)^2$ 时, $t = \dfrac{\pi}{2}$,

于是 $\qquad \displaystyle\int_0^{\left(\frac{\pi}{2}\right)^2} \cos \sqrt{x}\, dx = 2\int_0^{\frac{\pi}{2}} t \cos t dt$

$$= 2\int_0^{\frac{\pi}{2}} t d \sin t = 2\left(t \sin t \Big|_0^{\frac{\pi}{2}} - \int_0^{\frac{\pi}{2}} \sin t dt\right) = \pi - 2.$$

习 题 4.3

1. 计算下列不定积分.

(1) $\displaystyle\int (3x - 2)^5 dx$;

(2) $\displaystyle\int \dfrac{1}{\sqrt{1 - 2x}} dx$;

(3) $\displaystyle\int \dfrac{x}{\sqrt{1 + x^2}} dx$;

(4) $\displaystyle\int x^2 e^{x^3} dx$;

(5) $\displaystyle\int \dfrac{\cos \sqrt{x}}{\sqrt{x}} dx$;

(6) $\displaystyle\int \dfrac{1}{\sqrt{x}(1 + x)} dx$;

(7) $\displaystyle\int \dfrac{e^{\frac{1}{x}}}{x^2} dx$;

(8) $\displaystyle\int \dfrac{\sec^2 \frac{1}{x}}{x^2} dx$;

(9) $\displaystyle\int \dfrac{e^x}{2 - e^x} dx$;

(10) $\displaystyle\int \dfrac{e^x}{1 - e^{2x}} dx$;

(11) $\displaystyle\int \dfrac{\ln^4 x}{x} dx$;

(12) $\displaystyle\int \dfrac{\sqrt{1 + \ln x}}{x} dx$;

(13) $\displaystyle\int \dfrac{1}{x(1 - \ln x)} dx$;

(14) $\displaystyle\int \dfrac{1}{x\sqrt{1 - \ln^2 x}} dx$;

(15) $\displaystyle\int \dfrac{1}{\cos^2(3x - 1)} dx$;

(16) $\displaystyle\int \sin^2 3x dx$;

(17) $\displaystyle\int \dfrac{\sec^2 x}{4 + \tan^2 x} dx$;

(18) $\displaystyle\int \dfrac{1}{4 + 9x^2} dx$;

(19) $\displaystyle\int \dfrac{1}{x^2 + 6x + 5} dx$;

(20) $\displaystyle\int \dfrac{1}{x^2 + x - 2} dx$;

(21) $\displaystyle\int \dfrac{\sin x}{\sqrt{\cos^3 x}} dx$;

(22) $\displaystyle\int \dfrac{dx}{(\arcsin x)^2 \sqrt{1 - x^2}}$;

(23) $\displaystyle\int \tan^3 x dx$;

(24) $\displaystyle\int \dfrac{\cos^2(\ln x)}{x} dx$;

$(25)\int\cot^3 x\csc x\mathrm{d}x$；

$(26)\int\dfrac{\sin x+\cos x}{\sqrt[3]{\sin x-\cos x}}\mathrm{d}x$；

$(27)\int\cos^3 x\sin x\mathrm{d}x$；

$(28)\int\sin^4 x\cos^2 x\mathrm{d}x$；

$(29)\int\dfrac{(\arctan x)^2}{1+x^2}\mathrm{d}x$；

$(30)\int\sin^4 x\cos^3 x\mathrm{d}x$；

$(31)\int\dfrac{1}{\mathrm{e}^x+\mathrm{e}^{-x}}\mathrm{d}x$；

$(32)\int\dfrac{\mathrm{d}x}{\sin x\cos x}$；

$(33)\int\dfrac{1+\sin x}{1-\sin x}\mathrm{d}x$；

$(34)\int\dfrac{\ln(\tan x)}{\sin x\cos x}\mathrm{d}x$；

$(35)\int x\sqrt{x+1}\mathrm{d}x$；

$(36)\int\dfrac{\sqrt{x}}{\sqrt{x}-1}\mathrm{d}x$；

$(37)\int\dfrac{1}{\sqrt[3]{x}+1}\mathrm{d}x$；

$(38)\int\dfrac{1}{\sqrt{x}+\sqrt[3]{x}}\mathrm{d}x$；

$(39)\int\dfrac{1}{x^2\sqrt{1-x^2}}\mathrm{d}x$；

$(40)\int\dfrac{x^2}{\sqrt{a^2-x^2}}\mathrm{d}x$；

$(41)\int\dfrac{1}{\sqrt{(1+x^2)^3}}\mathrm{d}x$；

$(42)\int\dfrac{\sqrt{x^2+a^2}}{x^4}\mathrm{d}x$；

$(43)\int\dfrac{\sqrt{x^2-9}}{x}\mathrm{d}x$；

$(44)\int\dfrac{1}{x^2\sqrt{x^2-a^2}}\mathrm{d}x$；

$(45)\int x\sin x\mathrm{d}x$；

$(46)\int x\mathrm{e}^{-x}\mathrm{d}x$；

$(47)\int x\arctan x\mathrm{d}x$；

$(48)\int\operatorname{arccot} x\mathrm{d}x$；

$(49)\int x\ln(x-1)\mathrm{d}x$；

$(50)\int\ln x\mathrm{d}x$；

$(51)\int\mathrm{e}^{-x}\cos x\mathrm{d}x$；

$(52)\int\sec^3 x\mathrm{d}x$；

$(53)\int\cos\sqrt{x}\mathrm{d}x$；

$(54)\int\dfrac{\ln x}{\sqrt{1+x}}\mathrm{d}x$；

$(55)\int\ln^2 x\mathrm{d}x$；

$(56)\int x^2\mathrm{e}^x\mathrm{d}x$；

$(57)\int(x^2-1)\sin 2x\mathrm{d}x$；

$(58)\int\ln(x+\sqrt{1+x^2})\mathrm{d}x$.

2. 计算下列积分.

$(1)\displaystyle\int_{\frac{\pi}{3}}^{\pi}\sin\left(x+\dfrac{\pi}{3}\right)\mathrm{d}x$；

$(2)\displaystyle\int_0^1\dfrac{\mathrm{d}x}{(1+x)^2}$；

$(3)\displaystyle\int_0^{\frac{\pi}{2}}\sin\varphi\cos^3\varphi\mathrm{d}\varphi$；

$(4)\displaystyle\int_0^{\pi}(1-\sin^3\theta)\mathrm{d}\theta$；

$(5)\displaystyle\int_{-1}^1\dfrac{1}{\sqrt{5-4x}}\mathrm{d}x$；

$(6)\displaystyle\int_0^4\dfrac{\mathrm{d}x}{1+\sqrt{x}}$；

$(7) \int_{0}^{\sqrt{2}} \sqrt{2 - x^2} \, dx$;

$(8) \int_{\frac{1}{\sqrt{2}}}^{1} \dfrac{\sqrt{1 - x^2}}{x^2} \, dx$;

$(9) \int_{0}^{1} \dfrac{dx}{\sqrt{x} + \sqrt[3]{x}}$;

$(10) \int_{0}^{1} \dfrac{dx}{\sqrt{a^2 + x^2}}$;

$(11) \int_{1}^{2} \dfrac{\sqrt{x^2 - 1}}{x} \, dx$;

$(12) \int_{1}^{2} \dfrac{dx}{x^2 \sqrt{x^2 - 1}}$;

$(13) \int_{0}^{1} x e^{-x} \, dx$;

$(14) \int_{0}^{\frac{\pi}{2}} x \cos x \, dx$;

$(15) \int_{1}^{4} \dfrac{\ln x}{\sqrt{x}} \, dx$;

$(16) \int_{0}^{1} \ln(1 + x^2) \, dx$;

$(17) \int_{0}^{\frac{\pi}{2}} e^{x} \cos x \, dx$;

$(18) \int_{0}^{1} x \arctan x \, dx$;

$(19) \int_{0}^{\pi} x^2 \sin x \, dx$;

$(20) \int_{\frac{\pi}{4}}^{\frac{\pi}{3}} \dfrac{x}{\sin^2 x} \, dx$.

3. 利用被积函数的奇偶性计算下列积分.

$(1) \int_{-\pi}^{\pi} e^{x^2} \sin x \, dx$;

$(2) \int_{-1}^{1} \dfrac{2 + \sin x}{1 + x^2} \, dx$;

$(3) \int_{-2}^{2} (x + \sqrt{4 - x^2})^2 \, dx$;

$(4) \int_{-\frac{\pi}{2}}^{\frac{\pi}{2}} 4 \sin^2 \theta \, d\theta$.

4. 证明下列等式.

(1)证明: $\int_{0}^{1} x^m (1 - x)^n \, dx = \int_{0}^{1} x^n (1 - x)^m \, dx$;

(2)设 $f(x)$ 是定义在区间 $(-\infty, +\infty)$ 上的周期为 T 的连续函数,则对任意 $a \in (-\infty, +\infty)$,有

$$\int_{a}^{a+T} f(x) \, dx = \int_{0}^{T} f(x) \, dx.$$

5. 若 $f(t)$ 是连续函数且为奇函数,证明 $\int_{0}^{x} f(t) \, dt$ 是偶函数;若 $f(t)$ 是连续函数且为偶函数,证明 $\int_{0}^{x} f(t) \, dt$ 是奇函数.

6. 利用分部积分公式证明.

$$\int_{0}^{x} f(u)(x - u) \, du = \int_{0}^{x} \left(\int_{0}^{u} f(x) \, dx \right) du.$$

4.4 广义积分

定积分的积分区间为有限区间,且被积函数是有界函数,但是实际问题中还会遇到积分区间为无限或被积函数为无界的情形,因而需要将定积分推广到无穷区间或无界函数,从而产生了"广义积分"的概念.

4.4.1　无限区间上的广义积分

定义 4.4　设函数 $f(x)$ 在区间 $[a, +\infty)$ 连续. 取 $b > a$, 若极限 $\lim\limits_{b \to +\infty} \int_a^b f(x)\mathrm{d}x$ 存在, 则称此极限为函数 $f(x)$ 在无限区间 $[a, +\infty)$ 的**广义积分**, 记作 $\int_a^{+\infty} f(x)\mathrm{d}x$, 即

$$\int_a^{+\infty} f(x)\mathrm{d}x = \lim_{b \to +\infty} \int_a^b f(x)\mathrm{d}x$$

称广义积分 $\int_a^{+\infty} f(x)\mathrm{d}x$ **收敛**; 否则称广义积分 $\int_a^{+\infty} f(x)\mathrm{d}x$ **发散**.

类似地, 可以定义 $f(x)$ 在 $(-\infty, b]$, $(-\infty, +\infty)$ 上的广义积分

$$\int_{-\infty}^b f(x)\mathrm{d}x = \lim_{a \to -\infty} \int_a^b f(x)\mathrm{d}x$$

$$\int_{-\infty}^{+\infty} f(x)\mathrm{d}x = \int_{-\infty}^c f(x)\mathrm{d}x + \int_c^{+\infty} f(x)\mathrm{d}x = \lim_{a \to -\infty} \int_a^c f(x)\mathrm{d}x + \lim_{b \to +\infty} \int_c^b f(x)\mathrm{d}x$$

其中 c 为任意确定的实数. 要注意右边两个广义积分同时收敛时, 称广义积分 $\int_{-\infty}^{+\infty} f(x)\mathrm{d}x$ 收敛, 否则为发散.

上述 3 种类型的广义积分统称为无穷区间上的广义积分.

若 $F(x)$ 是 $f(x)$ 的一个原函数, 为简便起见, 按牛顿-莱布尼兹公式的形式记广义积分为:

$$\int_a^{+\infty} f(x)\mathrm{d}x = F(x)\Big|_a^{+\infty} = F(+\infty) - F(a);$$

$$\int_{-\infty}^b f(x)\mathrm{d}x = F(x)\Big|_{-\infty}^b = F(b) - F(-\infty);$$

$$\int_{-\infty}^{+\infty} f(x)\mathrm{d}x = F(x)\Big|_{-\infty}^{+\infty} = F(+\infty) - F(-\infty).$$

其中
$$F(+\infty) = \lim_{x \to +\infty} F(x), F(-\infty) = \lim_{x \to -\infty} F(x).$$

例 1　计算广义积分 $\int_1^{+\infty} \dfrac{1}{x^2}\mathrm{d}x$.

解　$\int_1^{+\infty} \dfrac{1}{x^2}\mathrm{d}x = -\dfrac{1}{x}\Big|_1^{+\infty} = -(0-1) = 1.$

例 2　计算广义积分 $\int_0^{+\infty} xe^{-x^2}\mathrm{d}x$.

解　$\int_0^{+\infty} xe^{-x^2}\mathrm{d}x = -\dfrac{1}{2}\int_0^{+\infty} \mathrm{d}(e^{-x^2}) = -\dfrac{1}{2}e^{-x^2}\Big|_0^{+\infty} = \dfrac{1}{2}.$

例 3　计算广义积分 $\int_0^{+\infty} \dfrac{1}{1+x^2}\mathrm{d}x$.

解　$\int_0^{+\infty} \dfrac{1}{1+x^2}\mathrm{d}x = \arctan x\Big|_0^{+\infty} = \dfrac{\pi}{2}.$

例 4　讨论广义积分 $\int_1^{+\infty} \dfrac{1}{x^p}\mathrm{d}x$ 的敛散性.

解　当 $p=1$ 时, $\int_1^{+\infty} \dfrac{1}{x^p}\mathrm{d}x = \int_1^{+\infty} \dfrac{1}{x}\mathrm{d}x = \ln x\Big|_1^{+\infty} = +\infty$, 即 $p=1$ 时, $\int_1^{+\infty} \dfrac{1}{x^p}\mathrm{d}x$ 发散.

当 $p \neq 1$ 时,$\int_1^{+\infty} \frac{1}{x^p} dx = \frac{x^{1-p}}{1-p} \Big|_1^{+\infty} = \begin{cases} +\infty, & p < 1 \\ \dfrac{1}{p-1}, & p > 1 \end{cases}$,

故 当 $p > 1$ 时,$\int_1^{+\infty} \frac{1}{x^p} dx = \frac{1}{p-1}$(收敛);

当 $p \leqslant 1$ 时,$\int_1^{+\infty} \frac{1}{x^p} dx$ 发散.

4.4.2 无界函数的广义积分

定义 4.5 设函数 $f(x)$ 在 $(a,b]$ 上连续,且 $\lim\limits_{x \to a^+} f(x) = \infty$,若极限 $\lim\limits_{A \to a^+} \int_A^b f(x) dx$ 存在,则称此极限为函数 $f(x)$ 在 $(a,b]$ 上的广义积分,记作 $\int_a^b f(x) dx$,

即 $$\int_a^b f(x) dx = \lim_{A \to a^+} \int_A^b f(x) dx.$$

此时也称广义积分 $\int_a^b f(x) dx$ 收敛,否则称广义积分 $\int_a^b f(x) dx$ 发散.

类似定义 $\int_a^b f(x) dx = \lim\limits_{B \to b^-} \int_a^B f(x) dx$,其中 $\lim\limits_{x \to b^-} f(x) = \infty$

$$\int_a^b f(x) dx = \int_a^c f(x) dx + \int_c^b f(x) dx$$

其中 $\lim\limits_{x \to c^-} f(x) = \infty$,$\lim\limits_{x \to c^+} f(x) = \infty$,$c \in (a,b)$.

上式右边两个广义积分同时收敛时,称广义积分 $\int_a^b f(x) dx$ 收敛,否则称为发散.

以上 3 种形式中的 $x = a$、$x = b$、$x = c$ 称为**瑕点**,以上广义积分也称为**瑕积分**.

若 $F(x)$ 是 $f(x)$ 的一个原函数,为简便起见,按牛顿-莱布尼兹公式的形式记瑕积分:

若 $x = a$ 为瑕点:$\int_a^b f(x) dx = F(x) \big|_{a+}^b = F(b) - F(a^+)$

若 $x = b$ 为瑕点:$\int_a^b f(x) dx = F(x) \big|_a^{b-} = F(b^-) - F(a)$

若 $x = c$ 为瑕点:$\int_a^b f(x) dx = F(x) \big|_a^{c-} + F(x) \big|_{c+}^b$

其中 $F(a^+) = \lim\limits_{x \to a^+} F(x)$,$F(b^-) = \lim\limits_{x \to b^-} F(x)$.

例 5 计算广义积分 $\int_0^1 \frac{1}{\sqrt{x}} dx$.

解 由于 $\lim\limits_{x \to 0^+} \frac{1}{\sqrt{x}} = +\infty$,$x = 0$ 为瑕点,

故 $$\int_0^1 \frac{1}{\sqrt{x}} dx = 2\sqrt{x} \big|_{0+}^1 = 2.$$

例 6 计算广义积分 $\int_0^1 \dfrac{1}{\sqrt{1-x^2}}\mathrm{d}x$.

解 由于 $\lim\limits_{x\to 1}\dfrac{1}{\sqrt{1-x^2}}=+\infty$，$x=1$ 为瑕点，

故　$\int_0^1 \dfrac{1}{\sqrt{1-x^2}}\mathrm{d}x = \arcsin x\,\big|_0^{1^-} = \arcsin 1 = \dfrac{\pi}{2}$.

例 7 判断广义积分 $\int_{-1}^1 \dfrac{1}{x^2}\mathrm{d}x$ 的敛散性.

解 由于 $\lim\limits_{x\to 0}\dfrac{1}{x^2}=\infty$，$x=0$ 为瑕点，

而　$\int_{-1}^1 \dfrac{1}{x^2}\mathrm{d}x = \int_{-1}^0 \dfrac{1}{x^2}\mathrm{d}x + \int_0^1 \dfrac{1}{x^2}\mathrm{d}x$

因为　$\int_{-1}^0 \dfrac{1}{x^2}\mathrm{d}x = -\dfrac{1}{x}\,\big|_{-1}^{0^-} = +\infty$，即 $\int_{-1}^0 \dfrac{1}{x^2}\mathrm{d}x$ 发散，

故广义积分 $\int_{-1}^1 \dfrac{1}{x^2}\mathrm{d}x$ 发散.

例 8 讨论广义积分 $\int_0^1 \dfrac{\mathrm{d}x}{x^p}(p>0)$ 的敛散性.

解 由于 $\lim\limits_{x\to 0}\dfrac{1}{x^p}=\infty\,(p>0)$，$x=0$ 为瑕点，当 $p=1$ 时，$\int_0^1 \dfrac{\mathrm{d}x}{x} = \ln x\,\big|_{0^+}^1 = -\infty$，积分 $\int_0^1 \dfrac{\mathrm{d}x}{x^p}$ 发散.

当 $p\neq 1$ 时　　　　　　$\int_0^1 \dfrac{\mathrm{d}x}{x^p} = \dfrac{x^{1-p}}{1-p}\,\Big|_{0^+}^1 = \begin{cases} \dfrac{1}{1-p} & p<1 \\ +\infty & p>1 \end{cases}$

故　当 $p<1$ 时，　　　　　　$\int_0^1 \dfrac{1}{x^p}\mathrm{d}x = \dfrac{1}{1-p}$（收敛）；

当 $p\geq 1$ 时，　　　　　　　　$\int_0^1 \dfrac{1}{x^p}\mathrm{d}x$ 发散.

习题 4.4

1. 判断下列反常积分的敛散性，若收敛，则求其值.

(1) $\int_1^{+\infty} \dfrac{\mathrm{d}x}{x^4}$；

(2) $\int_1^{+\infty} \dfrac{\mathrm{d}x}{\sqrt{x}}$；

(3) $\int_0^{+\infty} \mathrm{e}^{-x}\mathrm{d}x$；

(4) $\int_0^{+\infty} \sin x\mathrm{d}x$；

(5) $\int_{-\infty}^{+\infty} \dfrac{\mathrm{d}x}{x^2+2x+2}$；

(6) $\int_0^1 \dfrac{1}{x^{\frac{2}{3}}}\mathrm{d}x$；

(7) $\int_0^1 \dfrac{1}{x^3}\mathrm{d}x$；

(8) $\int_1^2 \dfrac{x\mathrm{d}x}{\sqrt{x-1}}$；

$(9) \int_0^1 x \ln x \mathrm{d}x;$ $(10) \int_{-1}^1 \dfrac{\mathrm{d}x}{\sqrt{1-x^2}};$

$(11) \int_1^e \dfrac{\mathrm{d}x}{x \sqrt{1-\ln^2 x}};$ $(12) \int_0^2 \dfrac{\mathrm{d}x}{(1-x)^3}.$

2. 当 k 为何值时, 反常积分 $\int_2^{+\infty} \dfrac{\mathrm{d}x}{x(\ln x)^k}$ 收敛? 当 k 为何值时, 该反常积分发散?

4.5　定积分的几何应用

4.5.1　定积分的微元法

定积分的应用是非常广泛的, 而所谓微元法就是将定积分的步骤(分割、近似、求和、取极限)简化后的方法, 称为**微元法(元素法)**.

定积分在解决各类问题的整个过程中关键步骤是: 在子区间上求部分量的近似值、求和取极限.

如果某个实际问题的所求量 U 满足:

(1) U 是与变量 x 的变化区间 $[a,b]$ 有关的量, 具有可加性.

(2)任意小区间 $[x,x+\mathrm{d}x]$ 上所求量的部分量 ΔU 的近似值 $\mathrm{d}U$ 称为所求量的元素, 其中
$$\mathrm{d}U = f(x)\mathrm{d}x, \Delta U - \mathrm{d}U = o(\Delta x)$$

则由定积分的微元法, 元素求和取极限可得所求量
$$U = \int_a^b \mathrm{d}U = \int_a^b f(x)\mathrm{d}x.$$

4.5.2　平面图形的面积

中学数学中, 我们只能计算一些简单图形的面积, 更多的平面图形面积计算可以利用定积分的元素法来解决. 根据图形建立的坐标系的不同, 分别讨论图形面积的计算.

1. 直角坐标情形

基本的平面图形可以分为两种, 即 X 型和 Y 型.

X 型: 由上、下两条曲线, $y = f_上, y = f_下$ 及 $x = a, x = b$ 所围成的图形, 如图 4.10 所示. 满足 $a \leqslant x \leqslant b, f_下 \leqslant y \leqslant f_上$.

Y 型: 由左、右两条曲线 $x = \varphi_左, x = \varphi_右$ 及 $y = c, y = d$ 所围成的图形, 如图 4.11 所示. 满足 $c \leqslant y \leqslant d, \varphi_左 \leqslant x \leqslant \varphi_右$.

其他复杂的图都可以分割成这两种基本图形.

X 型图形的面积:

在 $[a,b]$ 内任取一个子区间 $[x,x+\mathrm{d}x]$(图 4.12), 面积微元为 $\mathrm{d}S = (f_上 - f_下)\mathrm{d}x$

图形的面积 $\qquad\qquad\qquad S = \int_a^b (f_上 - f_下)\mathrm{d}x$

特别地, 若由曲线 $0 \leqslant y \leqslant f(x)$ 及 $x = a, x = b$ 及 x 轴所围的图形的面积

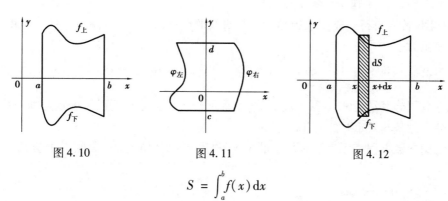

图 4.10　　　　　　图 4.11　　　　　　图 4.12

$$S = \int_a^b f(x)\,\mathrm{d}x$$

同理,Y 型图形的面积:　　　　$$S = \int_c^d (\varphi_{右} - \varphi_{左})\,\mathrm{d}y$$

例 1　求两条抛物线 $y = x^2$ 与 $y = x$ 所围成的平面图形的面积.

解　如图 4.13 所示,解方程组 $\begin{cases} y = x^2 \\ y = x \end{cases}$ 得交点 $(0,0)$ 与 $(1,1)$.

取 x 为积分变量,所求图形面积为

$$S = \int_0^1 (f_{上} - f_{下})\,\mathrm{d}x = \int_0^1 (x - x^2)\,\mathrm{d}x \left(\frac{1}{2}x^2 - \frac{1}{3}x^3 \right) \Big|_0^1 = \frac{1}{6}.$$

若取 y 为积分变量,所求图形面积为

$$S = \int_0^1 (f_{右} - f_{左})\,\mathrm{d}y = \int_0^1 (\sqrt{y} - y)\,\mathrm{d}y = \left(\frac{2}{3}y^{\frac{3}{2}} - \frac{1}{2}y^2 \right) \Big|_0^1 = \frac{1}{6}$$

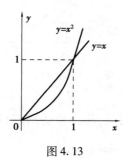

图 4.13　　　　　　　　图 4.14

例 2　求由曲线 $xy = 1$ 和直线 $y = x$,$y = 2$ 围成的平面图形的面积.

解　如图 4.14 所示,由 $y = x$、$xy = 1$、$y = 2$ 求得图形的交点:$(1,1)$、$(2,2)$、$\left(\frac{1}{2}, 2 \right)$ 取 y 为积分变量,所求面积为

$$S = \int_0^1 (f_{右} - f_{左})\,\mathrm{d}y = \int_1^2 \left(y - \frac{1}{y} \right)\,\mathrm{d}y = \left[\frac{y^2}{2} - \ln y \right] \Big|_1^2 = \frac{3}{2} - \ln 2.$$

若取 x 为积分变量,则

$$S = \int_{\frac{1}{2}}^1 [f_{上} - f_{下}]\,\mathrm{d}x + \int_1^2 [f_{上} - f_{下}]\,\mathrm{d}x = \int_{\frac{1}{2}}^1 \left(2 - \frac{1}{x} \right)\,\mathrm{d}x + \int_1^2 (2 - x)\,\mathrm{d}x$$

$$= (2x - \ln x) \Big|_{\frac{1}{2}}^1 + \left(2x - \frac{x^2}{2} \right) \Big|_1^2 = \frac{3}{2} - \ln 2.$$

例 3　求抛物线 $y^2 = 2x$ 与直线 $y = x - 4$ 所围成的平面图形的面积.

解 如图(读者自行完成),求得抛物线与直线的交点$(2,-2)$与$(8,4)$,取 y 为积分变量,所求图形面积为

$$S = \int_{-2}^{4} \left(y + 4 - \frac{y^2}{2} \right) dy = 18.$$

如果选取积分变量为 x,计算比较复杂(读者不妨自行验证),所以根据题意画一草图选取适当的积分变量是非常重要的一步.

当曲线用参数方程表示时,代入变量 x,y,利用定积分换元法,参照以上方法计算图形面积.

例4 求椭圆 $\begin{cases} x = a \cos t \\ y = b \sin t \end{cases}$ 的面积.

解 如图 4.15 所示,将 $x = a \cos t, y = b \sin t, dx = -a \sin t dt$ 代入,并相应地变换积分上下限,利用图形的对称性,计算第一象限图形的面积,可得椭圆的面积

$$S = 4 \int_{0}^{a} y dx = -4ab \int_{\frac{\pi}{2}}^{0} \sin^2 t dt$$

$$= 4ab \int_{0}^{\frac{\pi}{2}} \frac{1 - \cos 2t}{2} dt = \pi ab.$$

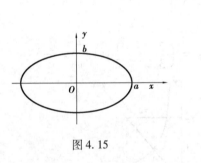

图 4.15

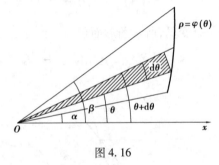

图 4.16

2. 极坐标情形

设连续曲线 $\rho = \varphi(\theta)$ 及射线 $\theta = \alpha, \theta = \beta$ 围成一图形,称为**曲边扇形**(图 4.16). 在区间 $[\alpha, \beta]$ 上任取一子区间 $[\theta, \theta + d\theta]$,面积微元为 $dS = \frac{1}{2} [\varphi(\theta)]^2 d\theta$.

故面积为
$$S = \int_{\alpha}^{\beta} dS = \int_{\alpha}^{\beta} \frac{1}{2} [\varphi(\theta)]^2 d\theta.$$

例5 计算心形线 $\rho = a(1 + \cos \theta)(a > 0)$ 所围成的图形的面积.

解 心形线所围成的图形如图 4.17 所示. 根据图形的对称性,所求图形的面积为

$$S = 2 \int_{0}^{\pi} \frac{1}{2} a^2 (1 + \cos \theta)^2 d\theta = a^2 \int_{0}^{\pi} (1 + 2 \cos \theta + \cos^2 \theta) d\theta$$

$$= a^2 \int_{0}^{\pi} \left(\frac{3}{2} + 2 \cos \theta + \frac{1}{2} \cos 2\theta \right) d\theta$$

$$= a^2 \left[\frac{3}{2} \theta + 2 \sin \theta + \frac{1}{4} \sin 2\theta \right] \Big|_{0}^{\pi} = \frac{3}{2} \pi a^2.$$

例6 计算阿基米德螺线 $\rho = a\theta(a > 0)$ 上相应于 θ 从 0 到 2π 的一段弧与极轴所围成的图形(图 4.18)的面积.

解 螺线上 θ 的变化区间为 $[0,2\pi]$，所求面积为

$$S = \int_0^{2\pi} \frac{1}{2}(a\theta)^2 \mathrm{d}\theta = \frac{4}{3}a^2\pi^3.$$

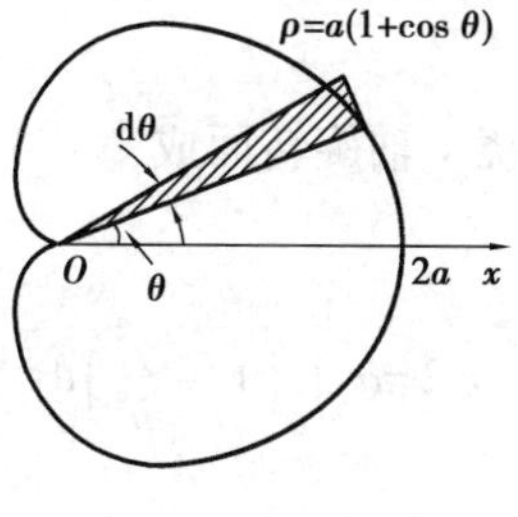

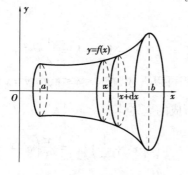

图 4.17

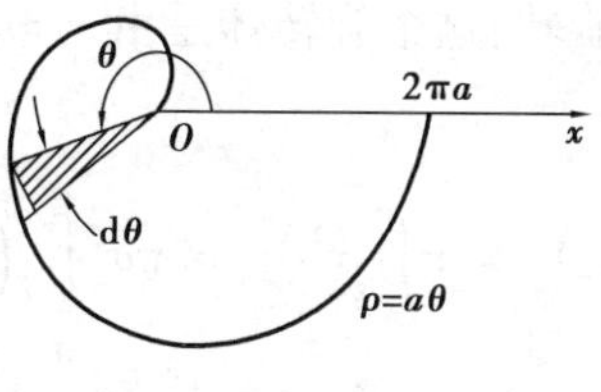

图 4.18

4.5.3 立体的体积

中学数学中，我们只能计算一些简单立体的体积，更多立体的体积计算可以利用定积分元素法来解决.

1. 旋转体的体积

由连续曲线 $y=f(x)$ 与直线 $x=a,x=b$ 及 x 轴所围成的曲边梯形绕 x 轴旋转一周而成（图 4.19），现在用微元法求它的体积.

在区间 $[a,b]$ 上任取子区间 $[x,x+\mathrm{d}x]$，对应的小薄片体积近似于以 $f(x)$ 为半径，以 $\mathrm{d}x$ 为高的薄片圆柱体的体积，从而得到体积微元为

$$\mathrm{d}V = \pi[f(x)]^2 \mathrm{d}x$$

故旋转体的体积为

$$V_x = \int_a^b \mathrm{d}V = \pi\int_a^b f^2(x)\,\mathrm{d}x.$$

类似由曲线 $x=\varphi(y)$ 与直线 $y=c,y=d$ 及 y 轴所围成的图形绕 y 轴旋转一周而成的旋转体（图 4.20），则其体积为

$$V_y = \pi\int_c^d \varphi^2(y)\,\mathrm{d}y.$$

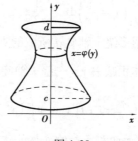

图 4.19

图 4.20

例 7 求椭圆 $\dfrac{x^2}{a^2} + \dfrac{y^2}{b^2} = 1$ 绕 x 轴和 y 轴旋转而成的旋转体体积.

解 图形绕 x 轴旋转：这个旋转体是由 $y = \dfrac{b}{a}\sqrt{a^2-x^2}$ 绕 x 轴旋转而成，

由公式得

$$V_x = \pi \int_{-a}^{a} y^2 \mathrm{d}x = \pi b^2 \int_{-a}^{a} \left(1 - \frac{x^2}{a^2}\right) \mathrm{d}x = 2\pi b^2 \int_{0}^{a} \left(1 - \frac{x^2}{a^2}\right) \mathrm{d}x$$

$$= 2\pi b^2 \left(x - \frac{x^3}{3a^2}\right)\Big|_{0}^{a} = \frac{4}{3}\pi a b^2.$$

图形绕 y 轴旋转:这个旋转体是由 $x = \frac{a}{b}\sqrt{b^2 - y^2}$ 绕 y 轴旋转而成,

由公式得

$$V_y = \pi \int_{-b}^{b} x^2 \mathrm{d}y = \pi a^2 \int_{-b}^{b} \left(1 - \frac{y^2}{b^2}\right) \mathrm{d}y = 2\pi a^2 \int_{0}^{b} \left(1 - \frac{y^2}{b^2}\right) \mathrm{d}y$$

$$= 2\pi a^2 \left(y - \frac{y^3}{3b^2}\right)\Big|_{0}^{b} = \frac{4}{3}\pi a^2 b$$

特别地,当 $a = b = R$ 时,得球体的体积 $V = \frac{4}{3}\pi R^3$.

例 8 试求过点 $O(0,0)$ 和 $P(r,h)$ 的直线与直线 $y = h$ 及 y 轴围成的直角三角形绕 y 轴旋转而成圆锥体的体积(图 4.21).

解 过 OP 的直线方程为 $y = \frac{h}{r}x$,即 $x = \frac{r}{h}y$,因为绕 y 轴旋转,故所求体积为

$$V_y = \pi \int_{0}^{h} \left(\frac{r}{h}y\right)^2 \mathrm{d}y = \frac{\pi r^2}{h^2}\left(\frac{1}{3}y^3\right)\Big|_{0}^{h} = \frac{1}{3}\pi r^2 h$$

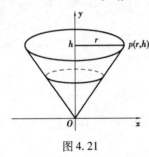

图 4.21

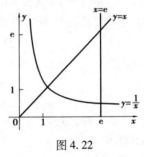

图 4.22

例 9 求由 $y = \frac{1}{x}, y = x, x = e$ 所围成图形的面积及该图形绕 x 轴旋转所围成立体的体积.

解 所围成的图形如图 4.22 所示,其面积

$$S = \int_{1}^{e} \left(x - \frac{1}{x}\right)\mathrm{d}x = \frac{1}{2}x^2 \Big|_{1}^{e} - \ln x \Big|_{1}^{e} = \frac{1}{2}(e^2 - 1) - 1 = \frac{1}{2}(e^2 - 3).$$

所围成的图形绕 x 轴旋转所成的立体的体积可以看成,在 $1 \leqslant x \leqslant e$,由 $y = x$ 绕 x 轴旋转一周所成的立体体积减去 $y = \frac{1}{x}$ 绕 x 轴旋转一周所成的立体体积.

$$V_x = \pi \int_{1}^{e} (f_{\text{上}}^2 - f_{\text{下}}^2) \mathrm{d}x = \pi \int_{1}^{e} \left(x^2 - \frac{1}{x^2}\right)\mathrm{d}x = \pi \left(\frac{1}{3}x^3 + \frac{1}{x}\right)\Big|_{1}^{e} = \frac{\pi}{3}\left(e^3 + \frac{3}{e} - 4\right).$$

*2. 平行截面面积已知的立体的体积

如果立体不是旋转体,位于 $x = a, x = b$ 之间,垂直于 x 轴的截面面积 $S(x)$ 已知,则该立体体积的计算方法采用微元法.

在区间 $[a,b]$ 上任取子区间 $[x, x + \mathrm{d}x]$,对应的小薄片体积近似于以截面为底,以 $\mathrm{d}x$ 为高的薄片柱体,从而得到体积微元为

$$dV = S(x)dx$$

故平行截面面积已知立体的体积为

$$V = \int_a^b S(x)dx.$$

4.5.4 平面曲线的弧长

(1)直角坐标情形

设函数 $y = f(x)$ 在 $[a, b]$ 上具有一阶连续的导数,任取子区间 $[x, x+dx]$,由 4.6 节用弦长近似代替弧段长(图 4.23)得弧长的微元.

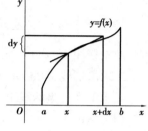

图 4.23

$$dl = \sqrt{(dx)^2 + (dy)^2} = \sqrt{1 + y'^2}\,dx$$

弧长 $\qquad L = \int_a^b \sqrt{1 + y'^2}\,dx.$

(2)参数方程情形

曲线方程, $\begin{cases} x = \varphi(t) \\ y = \psi(t) \end{cases}\quad \alpha \leqslant t \leqslant \beta,$

弧长 $\qquad L = \int_\alpha^\beta \sqrt{\varphi'^2(t) + \psi'^2(t)}\,dt.$

(3)极坐标情形

曲线方程 $\rho = \rho(\theta)\quad \alpha \leqslant \theta \leqslant \beta$

弧长 $\qquad L = \int_\alpha^\beta \sqrt{\rho^2(\theta) + \rho'^2(\theta)}\,d\theta.$

例 10 计算曲线 $y = \dfrac{\sqrt{x}}{3}(3 - x)$ 上相应于 $1 \leqslant x \leqslant 3$ 的一段弧长度.

解 因为 $y' = \dfrac{1}{2}x^{-\frac{1}{2}} - \dfrac{1}{2}x^{\frac{1}{2}} = \dfrac{1}{2} \cdot \dfrac{1-x}{\sqrt{x}}, 1 + (y')^2 = 1 + \dfrac{1}{4}\dfrac{(1-x)^2}{x} = \dfrac{1}{4}\dfrac{(1+x)^2}{x}$,故所求

弧长为 $\quad L = \dfrac{1}{2}\int_1^3 \dfrac{1+x}{\sqrt{x}}dx = \left(\sqrt{x} + \dfrac{1}{3}x^{\frac{3}{2}}\right)\Big|_1^3 = 2\sqrt{3} - \dfrac{4}{3}.$

例 11 证明半径为 r 的圆的周长为 $2\pi r$.

证明 圆的参数方程为 $\begin{cases} x = r\cos t, \\ y = r\sin t \end{cases}\quad (0 \leqslant t \leqslant 2\pi).$

故圆的周长为

$$L = \int_0^{2\pi} \sqrt{x'^2(t) + y'^2(t)}\,dt = \int_0^{2\pi} \sqrt{(-r\sin t)^2 + (r\cos t)^2}\,dt$$

$$= \int_0^{2\pi} r\,dt = 2\pi r.$$

例 12 求心形线 $\rho = a(1 + \cos\theta)(a > 0)$(图 4.17)的周长.

解 因为 $\rho'(\theta) = -a\sin\theta$,根据图形的对称性,故所求周长

$$L = 2\int_0^\pi \sqrt{a^2(1 + \cos\theta)^2 + (-a\sin\theta)^2}\,d\theta = 2\int_0^\pi a\sqrt{2(1 + \cos\theta)}\,d\theta$$

$$= 2\int_0^\pi 2a\cos\frac{\theta}{2}\,d\theta = 4a\int_0^\pi \cos\frac{\theta}{2}\,d\theta = 8a\sin\frac{\theta}{2}\Big|_0^\pi = 8a.$$

习题 4.5

1. 求由下列曲线所围成的平面图形的面积.

(1) $y = x^2$ 与 $y = 2 - x^2$; (2) $y = e^x$ 与 $x = 0$ 及 $y = e$;

(3) $y = \dfrac{1}{x}$ 与 $y = x$ 及 $x = 2$; (4) $y = x^2$ 与 $y = x$ 及 $y = 2x$.

2. 求摆线 $x = a(t - \sin t)$, $y = a(1 - \cos t)$ $(a > 0)$ 第一拱与 x 轴围成的面积.

3. 求星形线 $x = a\cos^3 t$, $y = a\sin^3 t$ $(a > 0)$ 的面积.

4. 求下列极坐标系中图形的面积.

(1) $\rho = a(1 - \cos\theta)$ $(a > 0)$; (2) $\rho = a(1 + \sin\theta)$ $(a > 0)$.

5. 求由下列曲线围成的平面图形绕指定坐标轴旋转而成的旋转体的体积.

(1) $y = \sqrt{x}$, $x = 1$, $x = 4$, $y = 0$, 绕 x 轴;

(2) $y = x^2$, $x = y^2$, 绕 y 轴;

(3) $y = x^3$, $x = 2$, $y = 0$ 分别绕 x 轴与 y 轴.

6. 计算下列各弧长.

(1) 曲线 $y = \ln x$ 对应于 $\sqrt{3} \leqslant x \leqslant \sqrt{8}$ 的弧段;

(2) 摆线 $x = t - \sin t$, $y = 1 - \cos t$ 的第一拱;

(3) 阿基米德螺线 $\rho = 2\theta$ $(a > 0)$ 上相应于 θ 从 0 到 2π 的弧段.

*4.6 定积分的物理应用

4.6.1 变速直线运动的位移

例 1 已知一个作变速直线运动物体的速度为 $v = t\sin t - \cos t$, 试计算该物体在时刻 $t = \dfrac{\pi}{2}$ 到时刻 $t = \pi$ 这段时间里的位移.

解 由变速直线运动的位移公式, 所求位移为方程

$$s = \int_{\frac{\pi}{2}}^{\pi} v(t)\,\mathrm{d}t = \int_{\frac{\pi}{2}}^{\pi} (t\sin t - \cos t)\,\mathrm{d}t = -\int_{\frac{\pi}{2}}^{\pi} t\,\mathrm{d}\cos t - \int_{\frac{\pi}{2}}^{\pi} \cos t\,\mathrm{d}t$$

$$= -t\cos t \Big|_{\frac{\pi}{2}}^{\pi} = \pi.$$

4.6.2 变力沿直线做功

由物理学可知, 在常力 F 的作用下, 物体沿力的方向作直线运动, 当物体移动一段距离 S 时, 力所做的功为

$$W = F \cdot S$$

但在实际问题中,物体在运动中所受到的力是变化的,这就是下面要讨论的变力做功的问题.

例2 如图 4.24 所示,点 O 为弹簧的平衡位置.已知弹簧每拉长 0.02 m 需要 9.8 N 的力,求把弹簧拉长 0.1 m 所做的功.

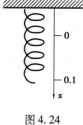

解 取弹簧的平衡位置为坐标原点,拉伸方向为 x 轴的正向建立坐标系.因为弹簧在弹性限度内,拉伸弹簧所需的力 F 和弹簧的伸长量 x 成正比,若取 k 为比例系数,则

$$F = kx$$

又因

$$x = 0.02 \text{ m}, F = 9.8 \text{ N}$$

代入得

$$k = 4.9 \times 10^2 (\text{N/m})$$

图 4.24

取 x 为积分变量,积分区间为 $[0, 0.1]$,在 $[0, 0.1]$ 上任取一小区间 $[x, x + dx]$,与它对应的变力所做的功的近似值,即为功元素

$$dW = 4.9 \times 10^2 x dx$$

弹簧拉长所做的功为

$$W = \int_0^{0.1} dW = \int_0^{0.1} 4.9 \times 10^2 x dx = 4.9 \times 10^2 \frac{x^2}{2} \Big|_0^{0.1} = 2.45 (\text{J})$$

例3 (图 4.25)把一个带电量为 q 正电荷放在轴上坐标原点处,它产生一个电场.这个电场对周围的电荷有作用力.由物理学可知,如果有一个单位正电荷放在这个电场中距离原点为 r 的地方,那么电场对它的作用力的大小为

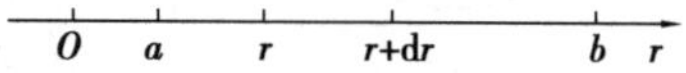

$$O \quad a \quad r \quad r{+}dr \quad b \quad r$$

图 4.25

$$F = k \frac{q}{r^2} (k \text{ 为常数})$$

当这个单位正电荷在电场中从 $r = a$ 处沿 r 轴移动到 $r = b(a < b)$ 处时,计算电场力对它所做的功.

解 取 r 为积分变量,积分区间 $[a, b]$.在区间 $[a, b]$ 上任取小区间 $[r, r + dr]$,与它相应的电场力所做的功近似于 $F = k \frac{q}{r^2}$ 作为常力所做的功,从而得到功元素 $dW = \frac{kq}{r^2} dr$ 所求电场力所做的功为

$$W = \int_a^b dW = \int_a^b \frac{kq}{r^2} dr = kq \int_a^b \frac{dr}{r^2} = kq \left(-\frac{1}{r} \right) \Big|_a^b = kq \left(\frac{1}{a} - \frac{1}{b} \right)$$

例4 修一座大桥的桥墩时先要下围图,并抽尽里面的水以便施工.已知半径是 10 m 的圆柱形围图上沿高出水面 2 m,河水深 18 m,问抽尽围图内的水需做多少功?

解 以围图上沿的圆心为原点,向下的方向为 x 轴的正方向,建立坐标系.如图 4.26 所示,取水深 x 为积分变量,它的变化区间 $[2, 20]$.在 $[2, 20]$ 上任一小区间 $[x, x + dx]$ 的一薄层水的高度为 dx,其质量为 $\rho \pi 10^2 dx$,其中 $\rho = 9.8 \times 10^3 \text{ kg/m}^3$ 为水的密度.

把这薄层水抽出围图时,需要提升的距离近似为 x,因此需做的功近似为

$$dW = \rho g \pi 10^2 x dx = 9.8 \times 10^5 \pi x dx$$

在 $[2,20]$ 上求定积分,得到所求的功为

$$W = \int_2^{20} 9.8 \times 10^5 \pi x \mathrm{d}x = 4.9 \times 10^5 \pi x^2 \big|_2^{20} \approx 6.09 \times 10^8 (\mathrm{J})$$

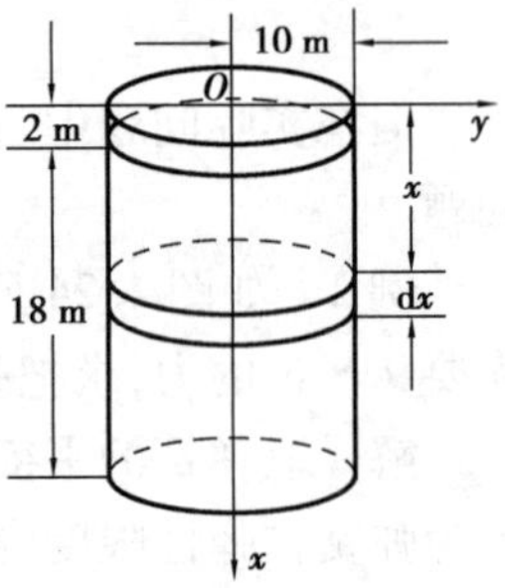

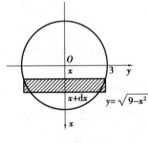

4.6.3 液体压力

从物理学可知,在液体深为 h 处的压强为 $p = \rho g h$,这里 ρ 是液体的密度. 如果有一面积为 S 的平板水平地放置在液体深为 h 处,那么平板一侧所受的液体压力为

$$F = P \cdot S$$

图 4.26

如果平板垂直放置在液体中,由于液体深度不同的点处压强 P 不相等,平板一侧所受的液体压力就不能用上述方法计算. 我们可以用定积分的微元法来计算.

例 5 设一水平放置的水管,其断面是直径为 6 m 的圆,求当水半满时水管一端的竖立闸门上所受的压力.

解 如图 4.27 所示建立直角坐标系,圆的方程为

$$x^2 + y^2 = 9$$

取 x 为积分变量,积分区间为 $[0,3]$,在 $[0,3]$ 上任取一小区间 $[x, x+\mathrm{d}x]$.半圆上相应于 $[x, x+\mathrm{d}x]$ 上的窄条各点处的压强近似于 $\rho g x$,这一窄条的面积近似于 $2\sqrt{9-x^2}\,\mathrm{d}x$.因此这一窄条一侧所受水压力的近似值,即压力微元为

图 4.27

$$\mathrm{d}F = \rho g x \times 2\sqrt{9 - x^2}\,\mathrm{d}x = 2\rho g x \sqrt{9 - x^2}\,\mathrm{d}x$$

在 $[0,3]$ 上求定积分,得闸门受到水的压力为

$$F = \int_0^3 \mathrm{d}F = \int_0^3 2\rho g x \sqrt{9 - x^2}\,\mathrm{d}x = 2\rho g \left(-\frac{1}{2}\right) \int_0^3 \sqrt{9 - x^2}\,\mathrm{d}(9 - x^2)$$

$$= -\rho g \frac{2}{3}(9 - x^2)^{\frac{3}{2}} \big|_0^3 = 18\rho$$

将 $\rho = 9.8 \times 10^3 \text{ N/m}^3$ 代入得 $\qquad F \approx 1.76 \times 10^5 (\mathrm{N})$

例 6 设有一形状是等腰梯形的竖直的闸门,它的某些尺寸如图 4.28 所示,当水面齐闸门顶时,求闸门所受的压力.

解 在如图所示的直角坐标系中,直线 AB 的方程为

$$y = -\frac{x}{6} + 3$$

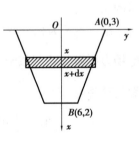

取 x 为积分变量,积分区间为 $[0,6]$,在 $[0,6]$ 上任取一小区间 $[x, x+\mathrm{d}x]$,梯形上相应于 $[x, x+\mathrm{d}x]$ 的窄条各点处的压强近似于 ρx,这一窄条的面积近似于宽为 $\mathrm{d}x$,长为 $2y = 2\left(-\dfrac{x}{6} + 3\right)$ 的小矩形的面

图 4.28

积. 因此这一窄条一侧所受水压力的近似值,即压力微元为

$$\mathrm{d}F = \rho x \times 2\left(-\frac{x}{6} + 3\right)\mathrm{d}x = \rho\left(-\frac{x^2}{3} + 6x\right)\mathrm{d}x$$

在 $[0,6]$ 上求定积分,得到水的压力为

$$F = \int_0^6 \rho g\left(-\frac{x^2}{3} + 6x\right)\mathrm{d}x = \rho g\left(-\frac{x^3}{9} + 3x^2\right)\Bigg|_0^6 = 84\rho g$$

将 $\rho = 1.0 \times 10^3\ \mathrm{kg/m^3}, g = 9.8\ \mathrm{N/kg}$ 代入得

$$F \approx 8.23 \times 10^5(\mathrm{N})$$

习题 4.6

1. 矩形水闸门,宽 20 m,高 16 m,水面与闸顶齐,求闸门上所受的总压力.

2. 一断面为圆,半径为 3 m 的水管,水平放置,水是半满的,求作用在闸门上的总压力.

3. 长 50 m,宽 20 m,深 3 m 盛满水的长方体池子,现将水抽出,问需做功多少?

4. 半径为 $R(\mathrm{m})$,高为 $H(\mathrm{m})$ 的圆柱体水桶,盛满了水,问水泵将水桶内的水全部抽完至少得做多少功(水的密度为 $1.0 \times 10^3\ \mathrm{kg/m^3}$)?

实验 4　MATLAB 软件求极限、导数和积分

数学文化赏析

实验目的

1. 掌握利用 limit 语句实现求极限的方法.

2. 掌握利用 diff 语句实现求导数的方法.

3. 掌握利用 int 语句求积分的方法.

实验内容

求极限、导数、积分的 MATLAB 命令

MATLAB 中主要用 limit,diff,int 分别求函数的极限、导数和积分.

limit(s,n,inf)　返回符号表达式当 n 趋于无穷大时表达式 s 的极限

limit(s,x,a)　返回符号表达式当 x 趋于 a 时表达式 s 的极限

limit(s,x,a,'left')　返回符号表达式当 x 趋于 a-0 时表达式 s 的左极限

limit(s,x,a,'right')　返回符号表达式当 x 趋于 a-0 时表达式 s 的右极限

diff(s,x,n)　返回符号表达式 s 对自变量 x 的 n 阶导数

int(f,x,xmin,xmax)　返回符号表达式 f 对自变量 x 的在 xmin 到 xmax 上的积分值

可以用 help,doc 等命令查阅详细信息,如 helplimit,doclimit 等.

1. 利用 limit 命令求极限

示例 1　用 limit 命令直接求极限 $\lim\limits_{x\to 0}\sin\dfrac{1}{x}$,相应的 MATLAB 代码为:

在命令窗口中输入以下命令:

```
>> clear;
>> symsx;    % 说明 x 为符号变量
```

```
>> a = limit( sin(1/x),x,0)
```

输出结果为 a = −1..1,

即极限值在 −1,1 之间,而极限如果存在则必唯一,故极限 $\lim\limits_{x\to 0}\sin\dfrac{1}{x}$ 不存在,同样,极限 $\lim\limits_{x\to 0}\cos\dfrac{1}{x}$ 也不存在.

示例2 求右极限 $\lim\limits_{x\to 0^+}\dfrac{\sin x}{x}$,相应的 MATLAB 代码为:

在命令窗口中输入以下命令:

```
>> clear;
>> symsx;
>> a = limit( sin(x)/x,x,0,'right')
```

输出结果为 a = 1.

示例3 求极限 $\lim\limits_{n\to\infty}\left(1+\dfrac{1}{n}\right)^n$,相应的 MATLAB 代码为:

在命令窗口输入以下命令:

```
>> clear;
>> symsn;
>> a = limit( (1 + 1/n)^n,n,inf)
```

输出结果为 a = exp(1).

2. 利用 diff 命令求导数或者微分

示例4 已知 $f(x) = ax^2 + bx + c$,求 $f(x)$ 的微分.

```
>> f = sym('a*x^2 + b*x + c')        % 定义函数表达式
>> f = a*x^2 + b*x + c
>> diff(f)                           % 对默认变量 x 求一阶微分
   ans = 2*a*x + b
>> diff(f,'a')                       % 对符号变量 a 求一阶微分
   ans = x^2
>> diff(f,'x',2)                     % 对符号变量 x 求二阶微分
ans = 2*a
>> diff(f,3)                         % 对默认变量 x 求三阶微分
   ans = 0.
```

示例5 求参数方程 $\begin{cases} x = t(1 - \sin t) \\ y = t\cos t \end{cases}$ 的一阶导数.

命令窗口运行命令如下:

```
>> symst
>> x = t*(1 - sin(t));
>> y = t*cos(t);
>> dx = diff(x,t);
>> dy = diff(y,t);
```

```
>> pretty(dy/dx)
```

运行后得导数为

$$\frac{\cos(t) - t\sin(t)}{\sin(t) + t\cos(t) - 1}$$

示例 6　求 $e^y + xy - e^x = 0$ 所确定的隐函数 $y = y(x)$ 的导数.

命令窗口运行命令如下：

```
>> syms   x   y
>> f = x * y - exp(x) + exp(y);
>> dfx = diff(f,x);
>> dfy = diff(f,y);
>> dyx = - dfx/dfy;
>> pretty(dyx)
```

运行后得到导数为

$$\frac{y - \exp(x)}{x + \exp(y)}$$

3. 利用 int 命令求积分

求积分命令是 int, 格式如下：

int(f)　求函数 f 关于 syms 变量的积分

int(f,v)　求函数 f 关于变量 v 的积分

int(f,a,b)　求函数 f 关于 syms 定义的符号变量从 a 到 b 的定积分

int(f,v,a,b)　求函数 f 关于变量 v 从 a 到 b 的定积分

示例 7　计算 $\int \dfrac{1}{\sin^2 x \, \cos^2 x} \mathrm{d}x.$

命令窗口运行命令如下：

```
>> syms   x
>> y = 1/(sin(x)^2 * cos(x)^2);
>> int(y)
```

运行结果

ans = - 2 * cot(2 * x)

需要指出的是求不定积分 MATLAB 输出的结果不包含常数.

示例 8　求定积分 $\int_{-2}^{2} 3x^2 \mathrm{d}x.$

命令窗口运行命令如下：

```
>> syms   x
>> f = 3 * x^2;
>> int(f,x, -2,2)
```

得到结果如下

ans = 16.

实验 4　练习题

1. 计算下列极限.

(1) $\lim\limits_{n \to \infty} (\sqrt{n+2} - 2\sqrt{n+1} + \sqrt{n})$;

(2) $\lim\limits_{n \to \infty} \sqrt[n]{n^3 + 3^n}$;

(3) $\lim\limits_{n \to \infty} \left(1 - \dfrac{1}{n}\right)^n$;

(4) $\lim\limits_{x \to 1} \dfrac{x^{m-1}}{x-1}$, ($m$ 取正整数);

(5) $\lim\limits_{x \to 1} \left(\dfrac{x}{x-1} - \dfrac{1}{x^2 - x}\right)$;

(6) $\lim\limits_{x \to 1} \left(\dfrac{1}{1-x} - \dfrac{3}{1-x^3}\right)$;

(7) $\lim\limits_{x \to 1} \dfrac{\sqrt{3-x} - \sqrt{1+x}}{x^2 - 1}$;

(8) $\lim\limits_{x \to 0} \dfrac{x}{1 - \sqrt{1+x}}$.

2. 求下列函数的导数.

(1) $y = x^3 + \cos x + e^x$;

(2) $y = e^x \cdot \sin x$;

(3) $y = x^2 \arctan x$;

(4) $y = x^2 \ln x + 5^x$;

(5) $x^3 + y^3 - x^2 y = 1$;

(6) $x^y = y^x$;

(7) $2xy = e^{x+y}$;

(8) $y^2 = \sin x - 2 \ln y$;

(9) $\begin{cases} x = t^2 + 2t, \\ y = t^3 - 3t; \end{cases}$

(10) $\begin{cases} x = \dfrac{at^2}{1+t^2}, \\ y = \dfrac{at^3}{1+t^2}; \end{cases}$

(11) $\begin{cases} x = te^{-1}, \\ y = 2e^t; \end{cases}$

(12) $\begin{cases} x = \theta(1 - \sin \theta), \\ y = \theta \cos \theta. \end{cases}$

3. 求下列积分.

(1) $\displaystyle\int \dfrac{x}{\sqrt{1+x^2}} dx$;

(2) $\displaystyle\int xe^{x^2} dx$;

(3) $\displaystyle\int \dfrac{\cos \sqrt{x}}{\sqrt{x}} dx$;

(4) $\displaystyle\int \dfrac{1}{1+9x^2} dx$;

(5) $\displaystyle\int_0^{\sqrt{2}} \sqrt{2-x^2}\, dx$;

(6) $\displaystyle\int_{\frac{1}{\sqrt{2}}}^1 \dfrac{\sqrt{1-x^2}}{x^2} dx$;

(7) $\displaystyle\int_1^{\sqrt{3}} \dfrac{dx}{\sqrt{x} + \sqrt[3]{x}}$;

(8) $\displaystyle\int_0^1 \dfrac{dx}{\sqrt{a^2 + x^2}}$.

小结与练习

一、内容小结

不定积分与定积分构成了积分学的主要内容,牛顿-莱布尼茨公式是连接两者的纽带,公式开辟了计算定积分的一条简便途径,它把定积分的计算转化为求 $f(x)$ 的不定积分或者说求 $f(x)$ 的任意一个原函数,为定积分的应用奠定了基础.

1. 微积分学的基本定理

微分运算和积分运算是互逆的关系,其联系的基石就是微积分学基本定理.

连续函数 $f(x)$ 的变上限积分函数 $\Phi(x)$ 就是它的原函数,即 $\Phi(x)$ 的导数就是函数 $f(x)$ 自身.

第一基本定理:

设 $f(x)$ 在 $[a,b]$ 连续,变上限积分函数 $\Phi(x)\displaystyle\int_a^x f(t)\,\mathrm{d}t$ 可导,有

$$\frac{\mathrm{d}\Phi}{\mathrm{d}x} = \frac{\mathrm{d}}{\mathrm{d}x}\int_a^x f(t)\,\mathrm{d}t = f(x)$$

第二基本定理:(牛顿-莱布尼茨公式)

设 $f(x)$ 在 $[a,b]$ 连续,如果 $F(x)$ 是 $f(x)$ 的一个原函数,则有:

$$\int_a^b f(x)\,\mathrm{d}x = F(b) - F(a)$$

2. 定积分值的说明

(1)只与被积函数、积分区间有关,与积分变量用什么字母无关;

(2)交换积分上、下限,积分值变号;

(3)几何意义:定积分值等于曲线与 x 轴所围图形面积值的代数和.

3. 积分的性质与方法

定积分的线性性质:有限个函数代数和的定积分等于定积分的代数和

$$\int_a^b [\alpha f(x) + \beta g(x) + \cdots + \gamma\varphi(x)]\,\mathrm{d}x = \alpha\int_a^b f(x)\,\mathrm{d}x + \beta\int_a^b g(x)\,\mathrm{d}x + \cdots + \gamma\int_a^b \varphi(x)\,\mathrm{d}x.$$

积分对区间的**可加性**: $\displaystyle\int_a^b f(x)\,\mathrm{d}x = \int_a^c f(x)\,\mathrm{d}x + \int_c^b f(x)\,\mathrm{d}x.$

积分的估值性　区间 $[a,b]$ 上, $f(x)\leqslant g(x)$; $m\leqslant f(x)\leqslant M$,有

$$\int_a^b f(x)\,\mathrm{d}x \leqslant \int_a^b g(x)\,\mathrm{d}x \qquad m(b-a) \leqslant \int_a^b f(x)\,\mathrm{d}x \leqslant M(b-a).$$

积分中值定理　设 $f(x)$ 在 $[a,b]$ 连续,至少存在一点 $\xi\in[a,b]$,使得

$$\int_a^b f(x)\,\mathrm{d}x = (b-a)f(\xi).$$

不定积分的 3 种方法

(1)逐项积分法

利用基本积分公式及不定积分的线性性质

$$\int [\alpha f(x) + \beta g(x) + \cdots + \gamma\varphi(x)]\,\mathrm{d}x = \alpha\int f(x)\,\mathrm{d}x + \beta\int g(x)\,\mathrm{d}x + \cdots + \gamma\int \varphi(x)\,\mathrm{d}x$$

(2)换元积分法

第一类换元积分法:

$$\int f[\varphi(x)]\varphi'(x)\,\mathrm{d}x = \left[\int f(u)\,\mathrm{d}u\right]_{u=\varphi(x)}$$

第一类换元积分法与复合函数的求导法互为逆运算. 关键确定 $u=\varphi(x)$,把被积表达式凑为 $f[\varphi(x)]\varphi'(x)\,\mathrm{d}x = f(u)\,\mathrm{d}u$ 的形式.

第二类换元积分法:

$$\int f(x)\mathrm{d}x = \left[\int f[\varphi(t)]\varphi'(t)\mathrm{d}t\right] = F(t)_{t=\varphi^{-1}(x)} + C = F[\varphi^{-1}(x)] + C$$

其中 $x = \varphi(t)$ 是单调可导,且 $\varphi'(t) \neq 0$.

第二类换元积分法一般用于被积函数含有根式的形式,关键是找合适的代换方法,如根式代换、三角代换等,化原积分为代数函数或三角函数形式的积分,积出后再回代.

①根式代换:当被积函数中含有 $\sqrt[n]{ax+b}$ 时,常令 $t^n = ax+b$ 消去根号.

②三角代换:当被积函数中含有 $\sqrt{a^2-x^2}$, $\sqrt{x^2+a^2}$, $\sqrt{x^2-a^2}$ 等根式时,常令 $x = a\sin t$, $x = a\tan t$, $x = a\sec t$ 消去根号.

(3)分部积分法

$$\int uv'\mathrm{d}x = \int u\mathrm{d}v = uv - \int v\mathrm{d}u$$

分部积分法与乘积的微分法互为逆运算. 被积函数为两种不同类型函数乘积的形式.

分部积分法的关键在于适当选取 u 和 v(或 $\mathrm{d}v$),凑 $\int u\mathrm{d}v$ 的形式,且使 $\int v\mathrm{d}u = \int vu'\mathrm{d}x$ 容易积出或者至少难度不增大. 选取 u 与 $\mathrm{d}v$ 的原则见 5.3.

注意:

有些函数的不定积分是存在的,但并不是所有原函数都能用初等函数表示.

例如 $\int e^{x^2}\mathrm{d}x$、$\int \dfrac{\sin x}{x}\mathrm{d}x$、$\int \dfrac{1}{\ln x}\mathrm{d}x$、$\int \sin x \ln x\mathrm{d}x$、$\int e^x\arctan x\mathrm{d}x \cdots$ 都不能用初等函数表示.

定积分的计算方法

$$\int_a^b f(x)\mathrm{d}x = F(x)\Big|_a^b = F(b) - F(a)$$

$$\int_a^b u(x)v'(x)\mathrm{d}x = u(x)v(x)\Big|_a^b - \int_a^b v(x)u'(x)\mathrm{d}x.$$

对定义在 $[-a,a]$ 上连续函数 $f(x)$,若 $f(x)$ 为奇函数时,则 $\int_{-a}^a f(x)\mathrm{d}x = 0$;

若 $f(x)$ 为偶函数时,则 $\int_{-a}^a f(x)\mathrm{d}x = 2\int_0^a f(x)\mathrm{d}x$.

4. 微积分学的基本方法

导数和积分是微积分学两个最重要的基本概念. 它们所研究问题的本质和范围虽不相同,但解决问题的基本思想方法和利用的主要工具却有其共同之处.

变速直线运动为例:时刻 $t = a$ 到时刻 $t = b$,路程函数 $s(t)$、速度函数 $v(t)$,

速度 $v(t) = \lim\limits_{\Delta t \to 0} \dfrac{\Delta s}{\Delta t} = \dfrac{\mathrm{d}s}{\mathrm{d}t}$,路程 $s = \lim\limits_{\lambda \to 0} \sum\limits_{k=1}^n v(t_k)\Delta t_k = \int_a^b v(t)\mathrm{d}t$.

解决上述两类问题的关键是在微小区间上利用函数连续的性质(以不变代变),求考察量的近似值,再运用极限这一工具去求得精确值.

导数是函数在一点的邻域内的性态平均值(平均变化率)作为近似值,通过:"取近似、求极限"两步来完成.

定积分是在一个子区间上求考察量的部分量(微元)的近似值,通过"分割、近似、求和、取极限"来完成.

5. 微元法与定积分的应用

在自然科学和工程技术中经常使用的所谓"微元法",就是源于微积分学的基本方法.

凡可用定积分解决的实际问题都可用"微元法"去建立积分式.

定积分是通过"分割、近似、求和、取极限"四步完成,其中关键的两步一是在微小区间上求出所求量 U 的部分量 $\Delta U \approx dU = f(x)\,dx$(微元近似、线性主部),二是把微元 dU 在考虑的区间上积分(求和取极限),从而得到所求量 U 的精确值.

根据题意画草图是必要的,对建立坐标系、确定积分变量、积分上下限和求微元都是很有帮助的,可以使问题直观,积分计算简便. 几何方面的简单应用(求平面图形的面积、旋转体的体积、弧长等)可以直接套用公式. 更为重要的是应学会利用掌握的相关知识,运用"微元法"建立积分式. 这种方法是培养和提高分析问题、解决问题能力的有效途径.

二、教学要求

(1)理解一元函数积分的定义,基本性质和定积分中值定理;了解积分存在定理.

(2)了解微积分学基本定理、积分上限函数;掌握牛顿-莱布尼茨公式.

(3)掌握一元函数积分的换元积分法和分部积分法.

(4)了解两种广义积分的概念并会计算.

(5)掌握定积分在几何方面的应用,了解元素法及物理方面的应用.

本章的重点:定积分概念及性质;微积分学基本定理;牛顿-莱布尼茨公式;不定积分的换元法.

本章的难点:定积分的应用.

三、本章练习题

(一)选择题

1. 根据定积分的几何意义,下列各式中正确的是(　　).

 A. $\int_{-\frac{\pi}{2}}^{0} \cos x\,dx < \int_{0}^{\frac{\pi}{2}} \cos x\,dx$ B. $\int_{-\frac{\pi}{2}}^{\frac{\pi}{2}} \cos x\,dx = \int_{\frac{\pi}{2}}^{\frac{3\pi}{2}} \cos x\,dx$

 C. $\int_{0}^{\pi} \sin x\,dx = 0$ D. $\int_{0}^{2\pi} \sin x\,dx = 0$

2. 定积分 $\int_{\frac{1}{2}}^{2} |\ln x|\,dx = ($　　$)$.

 A. $\int_{\frac{1}{2}}^{1} \ln x\,dx + \int_{1}^{2} \ln x\,dx$ B. $-\int_{\frac{1}{2}}^{1} \ln x\,dx + \int_{1}^{2} \ln x\,dx$

 C. $-\int_{\frac{1}{2}}^{1} \ln x\,dx - \int_{1}^{2} \ln x\,dx$ D. $\int_{\frac{1}{2}}^{1} \ln x\,dx - \int_{1}^{2} \ln x\,dx$

3. $\dfrac{d}{dx}\int_{0}^{x} \cos t^2\,dt = ($　　$)$.

 A. $\cos t^2$ B. $\cos x^2 - 1$ C. $\cos x^2$ D. $\sin x^2$

4. 函数 $f(x) = \int_{0}^{x} (t-1)\,dt$ 有(　　).

 A. 极小值 $\dfrac{1}{2}$ B. 极小值 $-\dfrac{1}{2}$ C. 极大值 $\dfrac{1}{2}$ D. 极大值 $-\dfrac{1}{2}$

5. 极限 $\lim\limits_{x\to 0}\dfrac{\displaystyle\int_0^x \sin t^2 \mathrm{d}t}{x^3}$ = ( ).

A. 1   B. 0   C. $\dfrac{1}{2}$ D. $\dfrac{1}{3}$

6. 若 $F(x),G(x)$ 都是函数 $f(x)$ 的原函数,则必有( ).

A. $F(x)=G(x)$ B. $F(x)=CG(x)$

C. $F(x)=G(x)+C$ D. $F(x)=\dfrac{1}{C}G(x)$(C 为不为零的常数)

7. 设 $f(x)=k\cot 4x$ 的一个原函数为 $\dfrac{1}{5}\ln\sin 4x$,则 k 等于( ).

A. $-\dfrac{4}{5}$ B. $\dfrac{2}{5}$ C. $\dfrac{4}{5}$ D. $\dfrac{5}{4}$

8. 若 $\displaystyle\int_0^1 (2x+k)\mathrm{d}x=2$,则 $k=$ ( ).

A. 1   B. 0   C. -1 D. $\dfrac{1}{2}$

9. $\displaystyle\int xf(x)\mathrm{d}x = \mathrm{e}^{-x^2}+C$,则 $f(x)=$ ( ).

A. $x\mathrm{e}^{-x^2}$ B. $-x\mathrm{e}^{-x^2}$ C. $2\mathrm{e}^{-x^2}$ D. $-2\mathrm{e}^{-x^2}$

10. 如果 $f(x)=\mathrm{e}^{-x}$,则 $\displaystyle\int\dfrac{f'(\ln x)}{x}\mathrm{d}x=$ ( ).

A. $-\dfrac{1}{x}+C$ B. $\dfrac{1}{x}+C$ C. $-\ln x+C$ D. $\ln x+C$

11. $\displaystyle\int[f(x)+xf'(x)]\mathrm{d}x=$ ( ).

A. $f(x)+C$ B. $xf(x)+C$ C. $\displaystyle\int xf(x)\mathrm{d}x+C$ D. $\displaystyle\int[x+f(x)]\mathrm{d}x+C$

12. 设 $f(x)$ 是连续函数,则 $\displaystyle\int_a^b f(x)\mathrm{d}x-\int_a^b f(a+b-x)\mathrm{d}x=$ ( ).

A. 0   B. 1   C. $a+b$ D. $\displaystyle\int_a^b f(x)\mathrm{d}x$

13. 定积分 $\displaystyle\int_{-\pi}^{\pi}\dfrac{x^2\sin x}{1+x^2}\mathrm{d}x=$ ( ).

A. 2   B. -1 C. 1   D. 0

14. 下列反常积分中发散的是( ).

A. $\displaystyle\int_1^{+\infty}\dfrac{\mathrm{d}x}{\sqrt[3]{x^2}}$ B. $\displaystyle\int_1^{+\infty}\dfrac{\mathrm{d}x}{x^3}$

C. $\displaystyle\int_e^{+\infty}\dfrac{\mathrm{d}x}{x\ln^3 x}$ D. $\displaystyle\int_0^{+\infty}\mathrm{e}^{-x}\mathrm{d}x$

15. 下列反常积分收敛的是( ).

A. $\displaystyle\int_0^1\dfrac{\mathrm{d}x}{x}$ B. $\displaystyle\int_0^1\dfrac{\mathrm{d}x}{\sqrt{x}}$ C. $\displaystyle\int_0^1\dfrac{\mathrm{d}x}{x\sqrt{x}}$ D. $\displaystyle\int_0^1\dfrac{\mathrm{d}x}{x^3}$

（二）填空题

1. $\dfrac{\mathrm{d}}{\mathrm{d}x}\displaystyle\int_0^x \sin(x-t)^2\,\mathrm{d}t =$ _____．

2. 设 $f(x)$ 连续，$F(x) = \displaystyle\int_0^{x^2} xf(t^2)\,\mathrm{d}t$，则 $F'(x) =$ _____．

3. 一曲线经过点 $(1,1)$，且在其上任一点 x 处的切线斜率为 $3x^2$，则此曲线方程为 _____ _____．

4. $\displaystyle\lim_{x\to 0}\dfrac{\displaystyle\int_0^x \ln(1+t)\,\mathrm{d}t}{x^2} =$ _____．

5. $\displaystyle\int x^2 \mathrm{e}^{2x^3}\,\mathrm{d}x =$ _____．

6. 若 $uv = x\sin x$，$\displaystyle\int u'v\,\mathrm{d}x = \cos x + C$，则 $\displaystyle\int uv'\,\mathrm{d}x =$ _____．

7. 设 $f(x) = \displaystyle\int_0^x \dfrac{\cos t}{1+\sin^2 t}\,\mathrm{d}t$，则 $\displaystyle\int_0^{\frac{\pi}{2}}\dfrac{f'(x)}{1+f^2(x)}\,\mathrm{d}x =$ _____．

8. 设 $f(x)$ 连续，且 $f(x) = x + 2\displaystyle\int_0^1 f(x)\,\mathrm{d}x$，则 $f(x) =$ _____．

9. 光滑曲线 $L:\begin{cases} x = \varphi(t) \\ y = \Phi(t) \end{cases}$ $\alpha \leqslant t \leqslant \beta$，则曲线弧长计算公式 $l =$ _____．

10. $\displaystyle\int_e^{+\infty}\dfrac{\mathrm{d}x}{x\ln^2 x} =$ _____．

11. $\displaystyle\int_{-1}^1 \dfrac{x^9}{1+x^2}\,\mathrm{d}x =$ _____．

12. 当 $p =$ _____ 时，反常积分 $\displaystyle\int_1^{+\infty}\dfrac{1}{x^{p-2}}\,\mathrm{d}x$ 收敛．

（三）求下列积分

1. 求 $\displaystyle\int x\sqrt{1-x^2}\,\mathrm{d}x$；

2. 求 $\displaystyle\int \dfrac{\mathrm{e}^x}{\sqrt{1-\mathrm{e}^{2x}}}\,\mathrm{d}x$；

3. 求 $\displaystyle\int \dfrac{1}{x^2-x-6}\,\mathrm{d}x$；

4. 求 $\displaystyle\int \dfrac{1}{\sqrt{\mathrm{e}^x-1}}\,\mathrm{d}x$；

5. 求 $\displaystyle\int \dfrac{1}{x^2\sqrt{x^2+3}}\,\mathrm{d}x$；

6. 求 $\displaystyle\int \dfrac{1}{\sqrt{9x^2-4}}\,\mathrm{d}x$；

7. 求 $\displaystyle\int \dfrac{\ln x}{\sqrt{x}}\,\mathrm{d}x$；

8. 求 $\displaystyle\int x\tan^2 x\,\mathrm{d}x$；

9. 求 $\displaystyle\int \sin^2 x\cos^5 x\,\mathrm{d}x$；

10. 求 $\displaystyle\int \dfrac{x\arcsin x}{\sqrt{1-x^2}}\,\mathrm{d}x$；

11. $\displaystyle\int_{-1}^1 \dfrac{\tan x}{\sin^2 x + 1}\,\mathrm{d}x$；

12. $\displaystyle\int_0^1 \sqrt{2x-x^2}\,\mathrm{d}x$；

13. $\displaystyle\int_0^2 x^2\sqrt{4-x^2}\,\mathrm{d}x$；

14. $\displaystyle\int_0^{\ln 2}\sqrt{\mathrm{e}^x-1}\,\mathrm{d}x$；

15. $\int_0^1 \dfrac{x^2}{(1+x^2)^2}\mathrm{d}x$;

16. $\int_1^2 \dfrac{\sqrt{x^2-1}}{x}\mathrm{d}x$;

17. $\int_0^1 x^2 \mathrm{e}^{-x}\mathrm{d}x$;

18. $\int_1^e (\ln x)^2 \mathrm{d}x$;

19. $\int_0^{\frac{\pi}{4}} \dfrac{x}{1+\cos 2x}\mathrm{d}x$;

20. $\int_0^{\frac{\pi}{2}} \mathrm{e}^{-x}\cos x\,\mathrm{d}x$;

21. $\int_0^{+\infty} \dfrac{\mathrm{d}x}{x^2+4x+8}$;

22. $\int_1^{+\infty} \dfrac{\arctan x}{x^2}\mathrm{d}x$.

(四)解答题

1. 设 $f(x)=\int_1^x \mathrm{e}^{-t^2}\mathrm{d}t$,求 $\int_0^1 f(x)\mathrm{d}x$.

2. 计算由曲线 $y=x^2$ 与 $y=2-x$ 所围成的区域的面积以及其绕 x 轴和 y 轴旋转的旋转体的体积.

3. 设 $F(x)=\begin{cases}\displaystyle\int_0^x \dfrac{t}{x^2}f(t)\mathrm{d}t, & x\neq 0\\ k, & x=0\end{cases}$,其中 $f(x)$ 具有连续导数,且 $f(0)=0$.

(1)试确定 k,使 $F(x)$ 在 $x=0$ 处连续;

(2)$F'(x)$ 在点 $x=0$ 是否连续,为什么?

4. 设 $f(x)$ 为连续函数,试证明:$\int_0^x f(t)(x-t)\mathrm{d}t=\int_0^x\left(\int_0^t f(u)\mathrm{d}u\right)\mathrm{d}t$.

5. 设 $\varPhi(x)=\int_a^x (x-t)^2 f(t)\mathrm{d}t$,证明:$\varPhi'(x)=2\int_a^x (x-t)f(t)\mathrm{d}t$.

6. 证明积分不等式

$$\frac{\sqrt{2}}{\pi}\leqslant \int_{\frac{\pi}{4}}^{\frac{\pi}{2}} \frac{\sin x}{x}\mathrm{d}x \leqslant \ln 2.$$

参考答案

附 录

附录1　大学数学中常用的数学公式

一、代数公式

设 a,b 为实数, n 为正整数.

(1) $a^2 - b^2 = (a+b)(a-b)$.

(2) $(a \pm b)^2 = a^2 \pm 2ab + b^2$.

(3) $a^3 \pm b^3 = (a \pm b)(a^2 \mp ab + b^2)$.

(4) $a^n - 1 = (a-1)(a^{n-1} + a^{n-2} + \cdots + a + 1)$.

(5) $a^0 = 1; a^m a^n = a^{m+n}; (ab)^n = a^n b^n; a^{-n} = \dfrac{1}{a^n}; a^{\frac{m}{n}} = \sqrt[n]{a^m}; \dfrac{a^m}{a^n} = a^{m-n}$.

(6) $\log_a 1 = 0; \log_a a = 1; a^{\log_a x} = x;$

$\log_a xy = \log_a x + \log_a y; \log_a x^\alpha = \alpha \log_a x;$

$\log_a \dfrac{x}{y} = \log_a x - \log_a y; \log_a x = \dfrac{\log_b x}{\log_b a}$.

(7) $ax^2 + bx + c = 0: x = \dfrac{-b \pm \sqrt{b^2 - 4ac}}{2a}$.

(8) 排列数 $P_n^m = A_n^m = n(n-1)(n-2)\cdots(n-m+1); P_n^n = n!; 0! = 1$.

(9) 组合数 $C_n^m = \dfrac{P_n^m}{m!} = \dfrac{n(n-1)(n-2)\cdots(n-m+1)}{m!}; C_n^0 = 1; C_n^m = C_n^{n-m}$.

(10) 二项式定理

$$(a+b)^n = C_n^0 a^n + C_n^1 a^{n-1} b + C_n^2 a^{n-2} b^2 + \cdots + C_n^k a^{n-k} b^k + \cdots + C_n^n b^n$$

$$C_n^k = \frac{n(n-1)\cdots(n-k+1)}{k!}.$$

(11)等差数列前 n 项和公式(首项 a_1,公差 d,第 n 项 a_n)

$$S_n = \frac{n(a_1 + a_n)}{2}, S_n = na_1 + \frac{n(n-1)}{2}d.$$

(12)等比数列前 n 项和公式(首项 a_1,公比 q,第 n 项 a_n)

当 $q \neq 1$ 时,$S_n = \frac{a_1(1-q^n)}{1-q} = \frac{a_1 - a_n q}{1-q}$.

(13)$a^2 + b^2 \geq 2ab$ $\quad (a \geq 0, b \geq 0); x > \sin x.$

二、三角公式

(1)平方关系式

$$\sin^2 x + \cos^2 x = 1; 1 + \tan^2 x = \sec^2 x; 1 + \cot^2 x = \csc^2 x.$$

(2)倒数关系式

$$\cot x = \frac{1}{\tan x}; \sec x \frac{1}{\cos x}; \csc x \frac{1}{\sin x}.$$

(3)倍角公式

$$\sin 2x = 2 \sin x \cos x;$$

$$\cos 2x = \cos^2 x - \sin^2 x = 1 - 2 \sin^2 x = 2 \cos^2 x - 1.$$

(4)正弦、余弦的和差角公式

$$\sin(x \pm y) = \sin x \cos y \pm \cos x \sin y;$$

$$\cos(x \pm y) = \cos x \cos y \mp \sin x \sin y.$$

三、几何公式 （半径 r、高 h、弧度 α）

(1)圆 　　圆周 $L = 2\pi r$; 　　圆面积 $S = \pi r^2$;

　扇形 　弧长 $l = \alpha r$; 　　面积 $S = \frac{1}{2}lr = \frac{1}{2}\alpha r^2$.

(2)球 　　面积 $S = 4\pi r^2$; 　　体积 $V = \frac{4}{3}\pi r^3$.

(3)圆柱体 　体积 $V = Sh = \pi r^2 h$.

圆锥体 　体积 $V = \frac{1}{3}\pi r^2 h$.

(4)梯形 　　面积 $S = \frac{1}{2}(a + b)h$.

(5)$P(x_1, y_1)$、$Q(x_2, y_2)$ 　　距离 $d = \sqrt{(x_2 - x_1)^2 + (y_2 - y_1)^2}$

$$斜率 \ k_{PQ} = \frac{y_2 - y_1}{x_2 - x_1}.$$

(6)直线 $Ax + By + c = 0; y - y_0 = k(x - x_0); y = kx + b$;

$\frac{x}{a} + \frac{y}{b} = 1; \frac{y - y_1}{x - x_1} = \frac{y_2 - y_1}{x_2 - x_1}$.

(7)二次曲线 　圆 $(x - x_0)^2 + (y - y_0)^2 = r^2$;抛物线 $y^2 = 2px, x^2 = 2py$;

椭圆$\dfrac{x^2}{a^2} + \dfrac{y^2}{b^2} = 1$;双曲线$\dfrac{x^2}{a^2} - \dfrac{y^2}{b^2} = 1$、$y = \dfrac{1}{x}$.

*四、极坐标与参数方程

(1)极坐标系:取平面上定点 O 为极点,水平半射线 Ox 为极轴,取单位长(附录图 1.1).

平面上任意一点 $M(x,y)$,与极点 O 的距离 ρ 为点 M 的极径,极轴与半射线 OM 之间的夹角 θ 称为极角,则(ρ,θ) 称为点 M 的极坐标,规定 $\rho \geqslant 0,0 \leqslant \theta \leqslant 2\pi$.

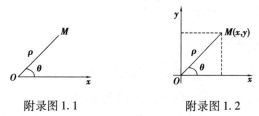

附录图 1.1　　　　　　　　附录图 1.2

(2)极坐标和直角坐标(附录图 1.2).

M 在直角坐标系下的坐标为(x,y),在极坐标系下的坐标为(ρ,θ),则有下列关系:

$$\begin{cases} x = \rho \cos \theta \\ y = \rho \sin \theta \end{cases} \qquad \begin{cases} x^2 + y^2 = \rho^2 \\ \dfrac{y}{x} = \tan \theta (x \neq 0) \end{cases}$$

例如:圆 $x^2 + y^2 = r^2$ 的极坐标方程为　$\rho = r$;

圆 $x^2 + y^2 = 2rx$ 的极坐标方程为　$\rho = 2r \cos \theta$;

圆 $x^2 + y^2 = 2ry$ 的极坐标方程为　$\rho = 2r \sin \theta$.

(3)曲线的参数方程.

在直角坐标系 xOy 中,设曲线 C 在直角坐标系下的方程 $f(x,y) = 0$(普通方程),

又曲线 C 上点的坐标 x,y 分别是 t 的函数

$$\begin{cases} x = f(t) \\ y = g(t) \end{cases} \quad (a \leqslant t \leqslant b) \qquad (*)$$

称方程$(*)$为曲线 C 的参数方程,t 为参数.

例如:过点 $M(x_0,y_0)$,倾斜角为 α 的直线 l 的参数方程为 $\begin{cases} x = x_0 + t \cos \alpha \\ y = y_0 + t \sin \alpha \end{cases}$

圆 $x^2 + y^2 = r^2$ 的参数方程为 $\begin{cases} x = r \cos \alpha \\ y = r \sin \alpha \end{cases}$

圆 $(x - a)^2 + (y - b)^2 = r^2$ 的参数方程为 $\begin{cases} x = a + r \cos \alpha \\ y = b + r \sin \alpha \end{cases}$

椭圆 $\dfrac{x^2}{a^2} + \dfrac{y^2}{b^2} = 1$ 的参数方程为 $\begin{cases} x = a \cos \alpha \\ y = b \sin \alpha \end{cases}$

附录2　基本初等函数

一、常量函数 $y = C$

定义域为 R,图形平行于 x 轴且与 y 轴截距为 C 的直线,无论 x 取何值,y 都取常数 C. 如图附录图2.1所示.

二、幂函数 $y = x^{\mu} (\mu \in R)$

定义域随 μ 而变. 但不论 μ 为何值,$y = x^{\mu}$ 在 $(0, +\infty)$ 内总有定义,而且图形都经过点 $(1,1)$. 以下是常用的幂函数,如附录图2.2所示.

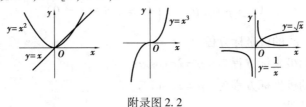

当 μ 为正整数时,如 $y = x, y = x^2, y = x^3, D = (-\infty, +\infty)$;

当 μ 为负整数时,如 $y = x^{-1}, D = (-\infty, 0) \cup (0, +\infty)$;

当 μ 为分数时,如 $x^{\frac{1}{2}}, D = [0, +\infty)$.

附录图2.2

三、指数函数 $y = a^x (a > 0, a \neq 1)$

定义域为 $(-\infty, +\infty)$,值域是 $(0, +\infty)$. 图形通过点 $(0,1)$,如附录图2.3所示,当 $a > 1$ 时,函数单调增加;当 $0 < a < 1$ 时,函数单调减少.

四、对数函数 $y = \log_a x (a > 0, a \neq 1)$

定义域 $(0, +\infty)$,值域 $(-\infty, +\infty)$. 图形都通过点 $(1,0)$. 如附录图2.4所示,当 $a > 1$ 时,函数单调增加;当 $0 < a < 1$ 时,函数单调减少.

对数函数 $y = \log_a x$ 与指数函数 $y = a^x$ 互为反函数.

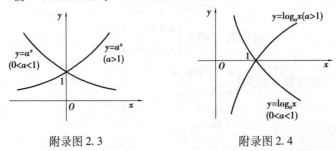

附录图2.3　　　　　　附录图2.4

工程上常用以 e 为底的指数函数 $y = e^x$ 和对数函数 $y = \ln x$(自然对数).

五、三角函数

（1）正弦函数 $y = \sin x$（附录图2.5）.

$D = (-\infty, +\infty)$、有界函数、奇函数、$T = 2\pi$.

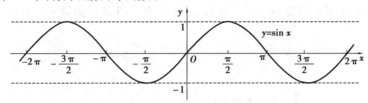

附录图2.5

（2）余弦函数 $y = \cos x$（附录图2.6）.

$D = (-\infty, +\infty)$、有界函数、偶函数、$T = 2\pi$.

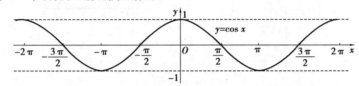

附录图2.6

（3）正切函数 $y = \tan x$（附录图2.7）.

$D = \left\{ x \in R \text{ 且 } x \neq n\pi + \dfrac{\pi}{2}(n = 0, \pm 1, \pm 2, \cdots) \right\}$；无界函数、奇函数、$T = \pi$.

（4）余切函数 $y = \cot x$（附录图2.8）.

$D = \{ x \in R \text{ 且 } x \neq n\pi(n = 0, \pm 1, \pm 2, \cdots) \}$；无界函数、奇函数、$T = \pi$.

（5）正割函数.

$y = \sec x = \dfrac{1}{\cos x}$.

（6）余割函数.

$y = \csc x = \dfrac{1}{\sin x}$.

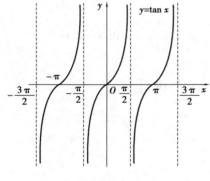

附录图2.7

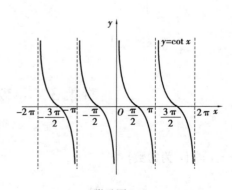

附录图2.8

六、反三角函数

(1) $y = \arcsin x$(附录图 2.9)实线所示. 定义域为$[-1,1]$,值域 $y \in \left[-\dfrac{\pi}{2}, \dfrac{\pi}{2}\right]$.

(2) $y = \arccos x$(附录图 2.10)实线所示. 定义域为$[-1,1]$,值域 $y \in [0, \pi]$.

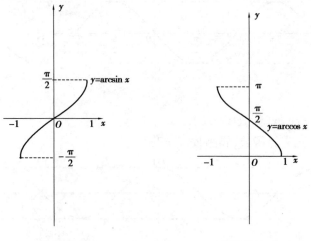

附录图 2.9　　　　　　　　附录图 2.10

(3) $y = \arctan x$(附录图 2.11)实线所示. 定义域为$(-\infty, +\infty)$,值域 $y \in \left(-\dfrac{\pi}{2}, \dfrac{\pi}{2}\right)$.

(4) $y = \text{arccot}\, x$(附录图 2.12)实线所示. 定义域为$(-\infty, +\infty)$,值域 $y \in (0, \pi)$.

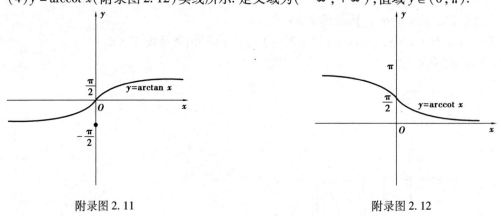

附录图 2.11　　　　　　　　　附录图 2.12

附录3　导数基本公式推导

一、$y = c$(c 为常数)

因为 $\Delta y = 0$,有 $y' = \lim\limits_{\Delta x \to 0} \dfrac{\Delta y}{\Delta x} = 0$,故 $c' = 0$.

二、$y = x^n$

设 n 为正整数 $y = x^n$，由二项式定理可知

$$\Delta y = (x + \Delta x)^n - x^n$$

$$= x^n + nx^{n-1}\Delta x + \frac{n(n-1)}{2}x^{n-2}(\Delta x)^2 + \cdots + (\Delta x)^n - x^n$$

$$= nx^{n-1}\Delta x + \frac{n(n-1)}{2}x^{n-2}(\Delta x)^2 + \cdots + (\Delta x)^n$$

因此　　$y' = \lim\limits_{\Delta x \to 0}\frac{\Delta y}{\Delta x} = \lim\limits_{\Delta x \to 0}\left[nx^{n-1} + \frac{n(n-1)}{2}x^{n-1}(\Delta x)^2 + \cdots + (\Delta x)^{n-1} \right] = nx^{n-1}$

即　　　　　　　　　　　　　　$(x^n)' = nx^{n-1}$

由 2.2 节例 11 可得幂函数 $y = x^\alpha$（α 为任意实数）的导数 $(x^\alpha)' = ax^{\alpha-1}$

如 $(\sqrt{x})' = (x^{\frac{1}{2}})' = \frac{1}{2}x^{-\frac{1}{2}} = \frac{1}{2\sqrt{x}}$；$\left(\frac{1}{x}\right)' = (x^{-1})' = -x^{-2} = -\frac{1}{x^2}$.

三、$y = a^x (a > 0, a \neq 1)$

$$\Delta y = a^{x+\Delta x} - a^x = a^x(a^{\Delta x} - 1)$$

$$y' = \lim\limits_{\Delta x \to 0}\frac{\Delta y}{\Delta x} = a^x \lim\limits_{\Delta x \to 0}\frac{a^{\Delta x} - 1}{\Delta x} = a^x \cdot \lim\limits_{\Delta x \to 0}\frac{e^{\ln a^{\Delta x}} - 1}{\Delta x} = a^x \cdot \lim\limits_{\Delta x \to 0}\frac{\Delta x \cdot \ln a}{\Delta x} = a^x \cdot \ln a$$

故　　$(a^x)' = a^x\ln a$

当 $a = e$ 时，有 $(e^x)' = e^x$，为上式的一个特例.

四、$y = \log_a x (a > 0, a \neq 1)$

因为 $\log_a x = \frac{\ln x}{\ln a}$，$(\ln x)' = \frac{1}{x}$

故　　$(\log_a x)' = \frac{1}{x \ln a}$

当 $a = e$ 时，有 $(\ln x)' = \frac{1}{x}$，为上式的一个特例.

五、三角函数的导数

在 2.1 中已经有正弦函数的导数公式.

（1）$y = \sin x$ 　　　　$(\sin x)' = \cos x$.

（2）$y = \cos x$ 　　　　$(\cos)' = -\sin x$.

由公式（1）（2）及导数运算法则可得其余三角函数的导数公式.

（3）$y = \tan x$ 　　　　$(\tan x)' = \sec^2 x$

因为　$y' = (\tan x)' = \left(\frac{\sin x}{\cos x}\right)' = \frac{\cos^2 x + \sin^2 x}{\cos^2 x} = \frac{1}{\cos^2 x} = \sec^2 x$.

（4）同理

　　　　$y = \cot x$ 　　　　$(\cot x)' = -\csc^2 x$.

（5）$y = \sec x$ 　　　　$(\sec x)' = \sec x \cdot \tan x$

因为 $y' = (\sec x)' = \left(\dfrac{1}{\cos x}\right)' = \dfrac{\sin x}{\cos^2 x} = \dfrac{1}{\cos x} \cdot \dfrac{\sin x}{\cos x} = \sec x \cdot \tan x.$

(6)同理

$$y = \csc x \qquad (\csc x)' = -\csc x \cdot \tan x.$$

六、反三角函数

下面不加证明地给出反函数的导数.

定理　设 $x = f^{-1}(y)$ 可导,且 $[f^{-1}(y)]' \neq 0$,则其反函数 $y = f(x)$ 可导,且

$$f'(x) = \frac{1}{[f^{-1}(y)]'}.$$

(1) $y = \arcsin x (-1 < x < 1)$ 的导数.

由于 $x = \sin y$ 与 $y = \arcsin x$ 互为反函数,由定理 3.3 可得

$$y' = (\arcsin x)' = \frac{1}{(\sin y)'} = \frac{1}{\cos y} = \frac{1}{\sqrt{1 - \sin^2 y}} = \frac{1}{\sqrt{1 - x^2}}.$$

同理(2)　$(\arccos x)' = -\dfrac{1}{\sqrt{1 - x^2}}.$

(3) $y = \arctan x (-\infty < x < +\infty)$ 的导数.

由于 $x = \tan y$ 与 $y = \arctan x$ 互为反函数,由定理 3.3 可得

$$y' = (\arctan x)' = \frac{1}{(\tan y)'} = \frac{1}{\sec^2 y} = \frac{1}{1 + \tan^2 y} = \frac{1}{1 + x^2},$$

即　$(\arctan x)' = \dfrac{1}{1 + x^2}.$

同理(4)　$$(\text{arccot } x)' = -\frac{1}{1 + x^2}.$$

附录4　微分中值定理的证明

一、罗尔定理证明

(1)如果 $f(x)$ 在 $[a,b]$ 上恒为常数,则对于任意的 $\xi \in (a,b)$,都有 $f'(\xi) = c'|_{x=\xi} = 0.$

(2)如果 $f(x)$ 在 $[a,b]$ 不是常数,由于 $f(x)$ 在 $[a,b]$ 上连续,可知 $f(x)$ 在 $[a,b]$ 上必能取得最大值 M 和最小值 m,且 $M \neq m$. 可知 M,m 之中至少有一值与 $f(a) = f(b)$ 不等. 不妨设 $M \neq f(a) = f(b)$,即 $f(x)$ 在 (a,b) 内的某点 ξ 处取得最大值.

由费马定理可知必有 $f'(\xi) = 0.$

二、拉格朗日中值定理证明

分析　与罗尔定理相比,拉格朗日中值定理中缺少条件 $f(a) = f(b)$. 如果能由 $f(x)$ 构造一个新函数 $\varphi(x)$,使 $\varphi(x)$ 在 $[a,b]$ 上满足罗尔定理条件,且由 $\varphi'(\xi) = 0$ 能导出 $f'(\xi) =$

$\dfrac{f(b)-f(a)}{b-a}$,则问题可解决.

拉格朗日中值定理的几何意义,过$(a,f(a))$,$(b,f(b))$两点的弦线斜率$\dfrac{f(b)-f(a)}{b-a}$,弦线的方程为

$$y=f(a)+\frac{f(b)-f(a)}{b-a}(x-a),$$

作辅助函数

$$\varphi(x)=f(x)-f(a)-\frac{f(b)-f(a)}{b-a}(x-a).$$

$\varphi(x)$的几何意义:曲线弧与其两端点连线弦的纵坐标之差,在端点处$\varphi(x)$等于0.

证明　令$\varphi(x)=f(x)-f(a)-\dfrac{f(b)-f(a)}{b-a}(x-a)$.

由于$f(x)$在$[a,b]$上连续,因此$\varphi(x)$在$[a,b]$上连续.由于$f(x)$在(a,b)内可导,因此$\varphi(x)$在(a,b)内可导.又由于$\varphi(a)=0=\varphi(b)$,因此$\varphi(x)$在$[a,b]$上满足罗尔定理条件,所以至少存在一点$\xi\in(a,b)$,使$\varphi'(\xi)=0$,即

$$f'(\xi)-\frac{f(b)-f(a)}{b-a}=0,$$

从而有　$f'(\xi)=\dfrac{f(b)-f(a)}{b-a}$或$f(b)-f(a)=f'(\xi)(b-a)$.

如果$f(x)$在(a,b)内可导,$x_0\in(a,b)$,$x_0+\Delta x\in(a,b)$,则在以x_0与$x_0+\Delta x$为端点的区间上$f(x)$也满足拉格朗日中值定理,即

$$f(x_0+\Delta x)-f(x_0)=f'(\xi)\Delta x,$$

其中ξ为x_0与$x_0+\Delta x$之间的点,也可以记为

$$f(x_0+\Delta x)-f(x_0)=f'(x_0+\theta\Delta x)\Delta x\qquad 0<\theta<1,$$

即　　　　　　　　　$\Delta y=f'(x_0+\theta\Delta x)\Delta x\qquad 0<\theta<1,$

因此又称拉格朗日中值定理为**有限增量定理**.

三、洛必达法则证明

因为求$\dfrac{f(x)}{g(x)}$当$x\to a$时的极限与$f(a)$及$g(a)$无关,所以可以假定$f(a)=g(a)=0$,于是由洛必达法则条件(1)、(2)知道,$f(a)$及$g(a)$在a点的某一邻域内是连续的.设x是这邻域内的一点,那么在以x及a为端点的区间上,柯西中值定理的条件均满足,因此有

$$\frac{f(x)}{g(x)}=\frac{f(x)-f(a)}{g(x)-g(a)}=\frac{f'(\xi)}{g'(\xi)}(\xi\text{在}x\text{与}a\text{之间})$$

令$x\to a$,并对上式两端求极限,注意到当$x\to a$时$\xi\to a$.再根据洛必达法则条件(3)便得出要证明的结论.

参考文献

[1] 杨福民.高等数学:上[M].北京:北京邮电大学出版社,2013.

[2] 王绵森,马知恩.工科数学分析基础:上[M].3版.北京:高等教育出版社,2017.

[3] 叶其孝,等.托马斯微积分[M].10版.北京:高等教育出版社,2003.

[4] 姜启源,谢金星,等.数学模型[M].4版.北京:高等教育出版社,2011.

[5] 李家宏.微积分若干基本概念的现代发展[D].北京:中国科学院,1998.